放射線生物学

木村　雄治 著

コロナ社

ま え が き

　1895 年，ドイツの物理学者レントゲン博士（W.C. Röntgen）が陰極線管の実験中に遮蔽紙の位置に無関係に蛍光板が光る現象を発見し，これが陰極線管からの未知の放射線の放出によると考えて X 線と名付けた。その年末に博士の婦人の手の X 線写真を添えて X 線の論文を発表した。この論文が放射線と医療のかかわる出発点となった。これを契機に，X 線の医療への利用は急速に拡大し，初期の X 線単純写真から最近では人体の断層を撮像する X 線 CT へと発展して，頭蓋内をはじめ人体各部臓器を画像として診るようになり，治療の進歩に大きく貢献した。

　一方，放射線科学はベクレル（A.H. Becquerel）よる放射性ウラン発見やキュリー（P. Curie）による放射性ラジウムの発見が加わって一層の発展を見たが，利用が進むに従って放射能を持つ物質からの急性の放射線障害があとを絶たなくなった。これは，放射線が物質を透過する性質と細胞に障害を与える性質を併せ持っていることによる。

　医療に用いられる電離性放射線には電磁放射線と粒子線があり，さらにそれらが何種類にも分類されている。これらの放射線はそれぞれ異なった性質を持ち，生体の組織や細胞に与える影響は異なる。同一の放射線でもその強さ（エネルギーの大きさ）によって生体への影響は変わる。

　放射線にどのように向き合えばよいのか。放射線は人体のいろいろな組織にさまざまな影響を及ぼし，その影響が現れる放射線量や時期もさまざまである。被ばくした際の放射線障害，放射線治療（特にがんの治療），放射線による突然変異の発症などの対処は個々に異なる。放射線生物学は，このような場面で診療や治療で放射線の医療効果を最大限に引き出すために，放射線の人体的作用を正しく理解し，有効に活用することが求められている。

まえがき

　生体を構成する組織と細胞の成り立ちや振舞いを理解し，放射線と細胞の相互作用や組織への影響を考え，さらには放射線の積極的な利用法としてがん治療についても学んでいきたい。がん治療の分野で，日本では外科手術が主流といわれているのに対して，欧米の動向は放射線治療が主流になりつつあるといわれている。

　このような環境にあって，診療放射線技師の役割はますます大きくなっている。さらに，要求される知識の範囲は拡大するばかりである。すでに，この分野に求められる生理学的，技術的な知識を解説している多くの優れた専門書が提供されている。

　本書は，初歩的で基本的な内容を平明に紹介することを主旨としており，診療放射線技師を目指す学徒の学び舎に加えていただければ幸いである。

　2018 年 6 月

木村　雄治

目　　　次

1.　生物学の基礎

1.1　DNA，RNA の構成 ……………………………………………………………… 1

　1.1.1　ヌクレオチドの構造 …………………………………………………… 3

　1.1.2　塩基配列の相補的結合 ………………………………………………… 5

　1.1.3　DNA の遺伝物質と二重らせん構造 ………………………………… 6

　1.1.4　遺伝情報の複製 ………………………………………………………… 8

　1.1.5　DNA と RNA の違い …………………………………………………… 9

1.2　ゲノムと遺伝子 …………………………………………………………………… 9

　1.2.1　ゲノムと染色体構造 …………………………………………………… 10

　1.2.2　常染色体と性染色体 …………………………………………………… 11

　1.2.3　RNA による DNA の転写と翻訳機能 ……………………………… 13

1.3　細胞周期と細胞分裂 …………………………………………………………… 14

　1.3.1　細　胞　周　期 ………………………………………………………… 15

　1.3.2　細　胞　分　裂 ………………………………………………………… 16

1.4　細　　胞　　死 …………………………………………………………………… 17

　1.4.1　細胞死とアポトーシス ………………………………………………… 17

　1.4.2　ネ ク ロ ー シ ス ………………………………………………………… 19

2.　放射線の基礎

2.1　放射線の種類と性質 …………………………………………………………… 20

　2.1.1　電磁波の特性 …………………………………………………………… 22

iv　　目　　　　　次

2.1.2　粒子線の特性 …………………………………………… 24

2.1.3　重荷電粒子線の特性 ……………………………………… 26

2.1.4　放射線の性質 ……………………………………………… 26

2.2　放射線の線エネルギー付与（LET）と生物学的効果比（RBE）………… 27

2.2.1　放射線の LET ……………………………………………… 27

2.2.2　放射線の RBE ……………………………………………… 29

2.2.3　LET と RBE の関係 ……………………………………… 30

2.2.4　LET と OER（酸素増感比）の関係 ……………………… 30

2.3　放射線量の単位 ……………………………………………………… 31

2.3.1　フルエンスとエネルギーフルエンス ……………………… 31

2.3.2　照　射　線　量 …………………………………………… 32

2.3.3　吸　収　線　量 …………………………………………… 33

2.3.4　等価線量（総量線量）……………………………………… 33

3.　放射線と細胞の相互作用

3.1　放射線の透過性 ……………………………………………………… 35

3.1.1　光　電　効　果 …………………………………………… 37

3.1.2　コンプトン効果（散乱）…………………………………… 38

3.1.3　電子・陽電子対生成 ……………………………………… 39

3.2　電離と励起の作用 …………………………………………………… 40

3.2.1　電離・励起現象 …………………………………………… 40

3.2.2　水分子の不対電子生成 …………………………………… 42

3.2.3　直接作用と間接作用 ……………………………………… 44

4.　放射線の細胞破壊

4.1　DNA の　損　傷 ……………………………………………………… 46

4.1.1　塩　基　損　傷 …………………………………………… 46

4.1.2　DNA 鎖　切　断 …………………………………………… 48

目　　　　　　　　次　　v

　4.1.3　紫外線による損傷 ··· 48

4.2　DNA の 修 復 ·· 48

　4.2.1　塩 基 系 の 修 復 ··· 49

　4.2.2　DNA 鎖切断の修復 ·· 50

4.3　増殖死と間期死 ·· 52

　4.3.1　細胞分裂の回数と細胞死の関係 ·································· 52

　4.3.2　細胞周期と放射線感受性 ·· 53

　4.3.3　細胞周期チェックポイント ······································ 54

4.4　突 　然 　変 　異 ·· 57

　4.4.1　遺伝子突然変異 ··· 57

　4.4.2　染色体異常（染色体突然変異） ·································· 58

4.5　生 　存 　率 　曲 　線 ·· 61

　4.5.1　ヒ ッ ト 理 論 ··· 62

　4.5.2　生存率曲線と LQ モデル ··· 64

4.6　亜致死損傷回復と潜在的致死損傷回復 ································ 66

　4.6.1　亜致死損傷回復（SLDR） ·· 66

　4.6.2　潜在的致死損傷回復（PLDR） ·································· 69

4.7　細胞のがん化 ·· 70

　4.7.1　多段階発がん ··· 71

　4.7.2　がん遺伝子とがん抑制遺伝子 ···································· 72

　4.7.3　がん抑制遺伝子 p53 の作用 ······································ 73

　4.7.4　DNA 修復遺伝子の異常 ·· 77

　4.7.5　アポトーシス機構の異常 ·· 78

　4.7.6　発がん性物質と環境 ··· 79

5.　放射線の組織への影響

5.1　組織と細胞動態 ·· 81

　5.1.1　細胞動態による組織の分類 ······································ 81

　5.1.2　組織の放射線感受性 ··· 82

vi　　目　　　　　　　次

5.1.3　造血幹細胞と血球 ……………………………… 84

5.1.4　血球に対する放射線の影響 …………………… 86

5.2　急性障害と晩発生障害 ………………………………… 87

5.3　確定的影響と確率的影響 ……………………………… 88

5.4　主たる組織の放射線障害の特徴 ……………………… 89

5.4.1　リンパ球と血液がん ……………………………… 89

5.4.2　骨　髄　障　害 …………………………………… 92

5.4.3　生殖器系の障害 …………………………………… 93

5.4.4　消化器系の障害 …………………………………… 94

5.4.5　皮　膚　の　障　害 ……………………………… 96

5.4.6　眼・水晶体の障害 ………………………………… 98

5.4.7　中枢神経の障害 …………………………………… 99

5.4.8　その他の組織の障害 …………………………… 101

6.　放射線の人体への影響

6.1　被ばく線量と障害 …………………………………… 104

6.1.1　被ばく線量と人体の影響 ……………………… 104

6.1.2　急性死の被ばく線量と生存時間 ……………… 106

6.1.3　半致死線量（LD_{50}）…………………………… 107

6.2　早期放射線障害 ……………………………………… 108

6.3　後期障害（免疫力の低下）………………………… 109

6.4　放射線の胎児への影響 ……………………………… 111

6.4.1　着床・器官形成期の障害 ……………………… 112

6.4.2　胎児成長期の障害 ……………………………… 112

6.4.3　胎児の血液循環と免疫 ………………………… 113

6.4.4　胎児の画像診断 ………………………………… 116

6.5　発がんのリスクと遺伝的影響 ……………………… 116

6.5.1　リスクの高い疾患 ……………………………… 116

6.5.2　発がんリスクに影響する生物学的因子 ……… 118

6.5.3　発がんの遺伝的影響 …………………………… 119

7. 放射線によるがん治療

7.1 腫瘍組織の放射線感受性 ……………………………………………120

  7.1.1 良性腫瘍と悪性腫瘍 ……………………………………………120

  7.1.2 悪性腫瘍の転移 …………………………………………………121

  7.1.3 腫瘍の放射線感受性 ……………………………………………123

  7.1.4 分割照射と感受性 ………………………………………………123

7.2 放射線療法の種類 ………………………………………………………128

7.3 ガンマナイフ ……………………………………………………………129

7.4 電子線・X線リニアック ………………………………………………131

  7.4.1 装 置 の 構 成 ……………………………………………………131

  7.4.2 加速管と電子ビーム偏向 ………………………………………133

  7.4.3 X線ターゲット …………………………………………………134

  7.4.4 照 射 ヘ ッ ド 部 …………………………………………………135

  7.4.5 放射線の均一化（平坦用フィルタとスキャッタラ）………………136

  7.4.6 マルチリーフコリメータ（MLC）………………………………137

7.5 定位放射線照射 …………………………………………………………139

  7.5.1 ガンマナイフによる定位放射線照射 …………………………139

  7.5.2 リニアックによる定位放射線照射 ……………………………140

  7.5.3 画像誘導放射線治療（IGRT）…………………………………142

  7.5.4 強度変調放射線治療（IMRT）…………………………………144

7.6 陽 子 線 治 療 ……………………………………………………………145

  7.6.1 装 置 の 構 成 ……………………………………………………147

  7.6.2 照 射 野 の 形 成 …………………………………………………148

  7.6.3 スポットスキャニング照射法 …………………………………151

  7.6.4 動体追跡放射線治療 ……………………………………………152

7.7 重粒子線（炭素線）治療 ………………………………………………154

8. 放射線防護と安全管理

8.1 国際法の経緯と安全管理 ……………………………………156

8.2 放射線治療事故の事例 …………………………………………157

8.3 操作ミスの要因 ……………………………………………………158

8.4 放射線治療に携わるスタッフの教育・研修 …………………159

8.5 安 全 対 策 …………………………………………………159

    8.5.1 安全性の考え方 ………………………………………………159

    8.5.2 人為的ミスの安全対策 ………………………………………160

引用・参考文献 ………………………………………………………162

索　　　引 ……………………………………………………………163

1 生物学の基礎

1.1 DNA, RNA の構成

　人体は数 60 兆個にも及ぶ細胞を基本として構成されており，使われる部位や器官によってさまざまな形状を示す．共通の構成要素を模式的に**図 1.1** に示す．細胞は核と細胞質に大別され，細胞質の外側は厚さ 7 〜 10 nm 前後の細胞膜に包まれている．細胞の大きさや形は組織によってさまざまで，小さいものは直径数 μm の小リンパ球から，大きいものは直径約 200 μm の成熟卵子

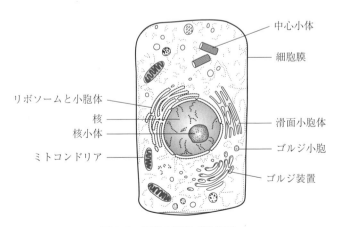

図 1.1　細胞の構造（模式図）

2   1. 生 物 学 の 基 礎

がある。細胞質の中は，ミトコンドリア，リボソーム，小胞体，ゴルジ装置，中心小体など有形構造の細胞内小器官と，その間を流動性の細胞質が満たしている。ミトコンドリアは細胞のエネルギー源である ATP（adenosine triphosphate）を産生し，小胞体はタンパク質を合成する。

核の中は染色質，核小体，核液の三つの要素からなる核質で満たされている。染色質には DNA（デオキシリボ核酸，deoxyribonucleic acid）という遺伝物質が 46 本の染色体の形で含まれており，核小体には RNA（リボ核酸，ribonucleic acid）があり，核液はグリコーゲンや脂肪を含んでいる。

細胞はどんな物質からできているのだろうか。大腸菌細胞の分析によると**表1.1**のようになる。人体の細胞でもこの割合はさほど大きく変わらない。原子の種類としては，水素，炭素，窒素，酸素，リン，硫黄など多く使われているが，これらはいずれも生物に固有の原子というわけではない。しかし，分子のレベルで見ると，生物に特徴的といえる物質で，分子量の大きいものがいくつも存在する。これが表に見る生体高分子である。糖質や脂質は栄養分としてよく知られている。糖質はエネルギー源として有効であり，脂質は中性脂肪がエネルギー貯蔵に役立ち，リン脂質は生体膜の成分として重要である。一番多量のタンパク質はアミノ酸が 20 種類も組み合わさった生体高分子である。核酸は遺伝物質 DNA および RNA を構成している。

表1.1 細胞の構成物質（大腸菌細胞の成分例）

成分	成分率〔%〕		
水	70		
イオンや水分量の小さい化合物	4		
生体高分子（26%）	タンパク質 糖質 脂質	15 2 2	
	核酸	RNA	6
		DNA	1

1.1.1 ヌクレオチドの構造

遺伝物質である DNA および RNA はヌクレオチドの複合体である核酸に属するが，生体内の役割は明確に異なる。DNA は核の中で情報の蓄積・保存を，RNA はその情報の一時的な処理を担う。RNA は，DNA に比べて合成・分解される頻度が非常に高い。

まず，五炭糖の構造を見てみよう（**図 1.2**（a））。五炭糖内の 5 個の炭素に 1′，2′，3′，4′，5′ の番号が付く。図（b）に示すように 1′ に付く塩基（例えば，アデニン）の炭素に普通の 1, 2, 3, … のような番号があてがわれるので，これと区別するために五炭糖の炭素番号にダッシュが付いている。2′ の炭素に水酸基（OH）が結合している五炭糖構造をリボース（RNA）という。同じ位置に水素原子（H）が結合している構造をデオキシリボースという。これは酸素原子がない（デオキシ）ときのリボース（DNA）である。図（c）に五炭糖，リン酸，塩基が結合するヌクレオチドの構成を模式的に示す。DNA と RNA は核酸に分類され，基本的に構造は同じで，2′ の炭素のところに 1 個の酸素原子があるかないかの違いである。核酸の化学構造ではヌクレオチドを基本単位とし，DNA も RNA もこの基本単位が 1 列に多数連なった生体高分子である。

DNA の塩基としてアデニン（A），チミン（T），グアニン（G），シトシン（C）の 4 種類があり，RNA の塩基はアデニン（A），ウラシル（U），グアニン（G），シトシン（C）の 4 種類である。これらの化学構造を**図 1.3**（a）に示す。DNA で四つの塩基 A, T, G, C がどのような順番でつながっているかという情報を「塩基配列」と呼んでいる。すなわち，DNA が持つ遺伝情報は DNA の塩基配列であるといえる。一方，RNA では DNA のミチン（T）がウラシル（U）に置き換わって入り四つの塩基 A, U, G, C で構成する。この T か U かの違いにも意味がある。図（b）に具体的な塩基配列の例を示す。デオキシリボースとリボースは塩基の結合とリン酸を付加したヌクレオチドはホスホジエステル結合により，ヌクレオチドが一列に多数連なっていることがわかる。

1. 生物学の基礎

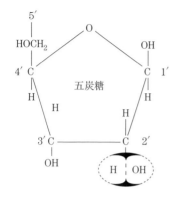

五炭糖は5個の炭素（C）を含む糖で，炭素にそれぞれ $1', 2', 3', 4', 5'$ の番号を付ける。$2'$ 番に水素（H）が付くか，水酸基（OH）が付くかで DNA になるか RNA になるかが決まる。

炭素 $2'$ の部位に H が付けばデオキシリボース（デオキシリボ核酸，DNA）。

炭素 $2'$ の部位に OH が付けばリボース（リボ核酸，RNA）。

（a） 五炭糖の構造

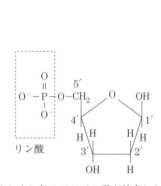

ヌクレオシドの $5'$ にリン酸が結合した化合物をヌクレオチド（nucleotide）という。

$1'$ に塩基が結合した化合物をヌクレオシド（nucleoside）という。

（b） 五炭糖にリン酸，塩基が結合

（c） ヌクレオチドの構成の模式図

図 1.2 核酸の化学構造

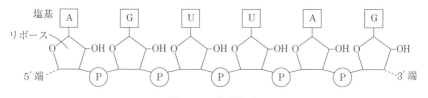

図 1.3　DNA, RNA の塩基配列

1.1.2　塩基配列の相補的結合

DNA は 2 本のヌクレオチド鎖が平行に並んでおり，塩基どうしが結合してはしご状になっている。しかも，必ず A と T あるいは G と C が対になって結合している（**図 1.4**（a））。A と T は 2 個の水素結合，G と C は 3 個の水素結合で，これらを塩基配列の相補的結合という（図（b））。この際の水素による結合力はさほど大きくない。DNA の長さは塩基対の数で表現する。例えば，塩基対 100 個分の長さを 100 塩基対という。

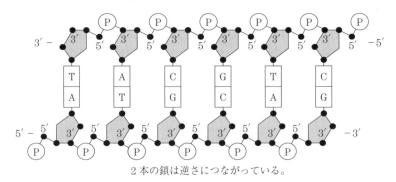

2本の鎖は逆さにつながっている。

（a） 塩基の相補的結合

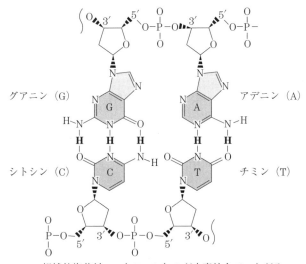

相補的塩基対：AとT，GとCが水素結合でつながる。

（b） 塩基の水素結合

図 1.4　DNAの2本鎖の構造

1.1.3　DNAの遺伝物質と二重らせん構造

　DNAの遺伝物質は，相補的にヌクレオチド結合した2本鎖構造に組み込まれたA，T，G，Cの組合せによる塩基配列である。図1.4（a）に見られるように，これを核酸の一次構造といい，遺伝情報そのものである。さらに，DNA

は2本絡み合って二重らせん構造をとっている。はしごをひねってらせん状にしており，1回転の直径2.0 nm，1回転の長さ3.4 nmで，1回転中に10塩基対が含まれる。ヒトの体細胞のDNAは全体で約32億塩基対なので，長さは約2 mにもなる。このらせん構造のことを核酸の二次構造という。

はしごの縦木はデオキシリボースがリン酸を介して連なったDNA鎖であり，はしごの横木になっているのが塩基AとT，GとCの対である。対になる相手が決まっているため片方のDNA鎖の塩基配列が決まれば，同時に対となっているもう片方のDNA鎖の塩基配列が自動的に決まるという，巧妙な仕組みになっている（**図1.5**）。狭い核の中にDNAを収納するためにはDNAを圧縮する必要がある。この圧縮にはらせん状の構造はまことに好都合である。なお，DNAの二重らせん機構は主溝と副溝という二つの種類がある。このような溝は，「塩基対が糖-リン酸骨格に接続する角度と関係があり，相補的に結合した二つの塩基が180°開いた位置で糖-リン酸骨格に接続するのでなく，一方に偏った位置で接続している」ことを表している。

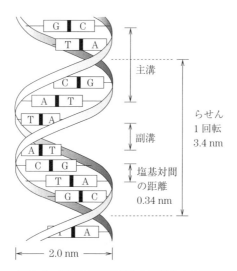

図1.5 塩基の相補的結合と二重らせん構造

1.1.4 遺伝情報の複製

一つの細胞が二つの細胞へと分裂するときは，元の母細胞に1組み存在する遺伝物質（DNA）が正確に複写されて2組みになり，二つの娘細胞に1組みずつ分配される必要がある。それを可能にするのがDNAの塩基対配列である。まず，二重らせんをほどき，ねじれたはしごをまっすぐにしてから2本の鎖を真ん中から縦に分断すると，1本となったDNA鎖が二つできる。この縦の分断ははしごの横棒に当たる塩基どうしの結合が2重水素・3重水素で行われ，その結合力が弱いことで可能になる。すなわち，2本鎖がほどけて塩基配列がCATTGA…やGTAACT…という1本鎖DNAの縦木が2本できると，それぞれの1本鎖DNAを手本にしてもう1本のDNA鎖を作る。このことは，分離した1本鎖の塩基の結合相手が自動的に決まっているから可能になる。これによってCATTGA…にはGTAACT…が対を作って2本鎖に戻り，一方のGTAACT…にはCATTGA…が対を作ってともに2本鎖に戻る。このようにしてまったく同じものが2組みできて娘細胞に1組みずつ分配される（図1.6）。

いずれの2本鎖DNAをみても母細胞内の元から存在したDNA鎖が半分，

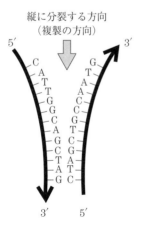
（a）二つの塩基の水素結合を真中から縦に分断する

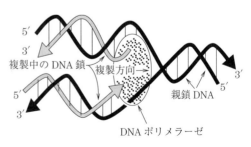
（b）DNAの半保存的複製の模式

図1.6 DNAの半保存的複製のモデル

1.2 ゲノムと遺伝子　　9

それを鋳型として新しく作られた DNA 鎖が半分となる。このような複製様式を半保存的複製と呼んでいる。なお，この DNA 鎖を合成するには DNA ポリメラーゼという触媒酵素が働く。DNA ポリメラーゼは，1 本鎖の核酸を鋳型として，それに相補的な塩基配列を持つ DNA 鎖合成の酵素である。なお，RNA の場合は，RNA を合成する酵素 RNA ポリメラーゼが，DNA の鋳型鎖の塩基を読み取って，相補的な RNA 合成の転写を触媒する。

1.1.5　DNA と RNA の違い

ヌクレオチドの五炭糖 2′ 端子に水素 H が付くか水酸基 OH が付くかによって DNA または RNA になるが，DNA が二重らせん構造であるのに対して RNA は細胞内で通常 1 本鎖として存在する。そのため，DNA はより複雑な立体構造がとりやすく，反応性も高く，かつ触媒として機能することができる。しかし，RNA は，AUGC の塩基 4 種類でしか構成されないので多様な立体構造をとることができず，また複雑な化学反応を触媒することはできない。

　核内の DNA は遺伝情報を蓄えるだけで，それ自身は細胞の中で生理的な働きをするのではない。DNA が転写という過程を経て RNA に変換され，さらに RNA が翻訳という過程でタンパク質に変換されて初めて細胞の中で機能する。RNA は遺伝物質として，20 種類のアミノ酸で構成されるタンパク質のアミノ酸配列を暗号化することで機能する。

　タンパク質は人体の重要な構成成分であり，酵素や細胞骨格をはじめとするすべてのタンパク質は本来の設計図である DNA から作られたものである。すなわち，タンパク質の生成に DNA と RNA は巧妙に絡み合って有効に寄与している。

1.2　ゲノムと遺伝子

　生命現象を支えている個々の化学反応を促進する触媒は，化学反応の前後で変化しないタンパク質が担う。このタンパク質を酵素という。例えば，前述の

10   1. 生 物 学 の 基 礎

DNA の半保存的複製反応を触媒するのが DNA ポリメラーゼという酵素である。生体には酵素の数が約 3 000 種類あるといわれている。生命活動に必要な働きをするタンパク質の機能を数えるのは無限に近い。

タンパク質のアミノ酸配列は DNA の塩基配列（ATGC の 4 文字の情報）として書き込まれている。DNA の塩基情報の 4 文字から 3 文字を組み合わせると 64 通りの組合せとなり，20 種類のアミノ酸のすべてを 3 文字で表現できる。DNA の連続する 3 文字が 1 組みの暗号となって，一つのアミノ酸を指定することができる。この暗号をコドン（codon）という。例えば，GCA というコドンはアラニンというアミノ酸の暗号である。生体は，必要なタンパク質が必要なときに作られることで機能が完成するが，その一つひとつのタンパク質の作り方（アミノ酸の配列順位）は DNA に記載されている。そういう作り方（情報）が遺伝子である。すなわち，遺伝子は情報であり，DNA はそれを記録する記憶媒体である。

1.2.1　ゲノムと染色体構造

生命活動に必要な遺伝情報はすべて DNA に記述されているが，ある生物種を規定する遺伝情報の全体をゲノム（genome）という。ある生物種が生きてゆくために必要不可欠な遺伝情報（ゲノム）が染色体に収められており，種によって固有の染色体の基本数がある。ヒトがヒトであるための遺伝情報をまとめてヒトゲノムという。ヒトゲノムは約 32 億塩基対の DNA からなる。なお，ゲノムは遺伝子と同等ではない。ゲノムのほうが遺伝子よりはるかに大きな範囲を網羅する。すなわち，ゲノムとは「生物が持つ DNA の全塩基配列」を表す。遺伝子はタンパク質のアミノ酸配列を暗号化している領域であるが，ゲノムという設計図には個々の遺伝子をいつ，どこで，どれくらい働かせるかという情報が書き込まれている。この仕組みは 1.2.3 項の転写，翻訳のところで触れる。

ヒトでは，基本的にすべての細胞で，約 32 億以上のゲノムが 46 本の染色体に分かれて収納されている。この膨大な塩基配列はどのように染色体に収納されているのか，その仕組みを**図 1.7** で考察してみよう。長さ約 2 m のヒト

1.2 ゲノムと遺伝子

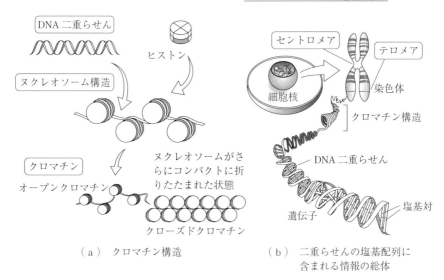

図 1.7 DNA が染色体として凝縮される模式図

二重らせん構造 DNA がヒストンタンパク質で作られている円筒状の芯に巻き付いてヌクレオソームを作る。ヌクレオソームは直径約 11 nm で，約 200 塩基対の DNA（長さ 68 nm）を約 8 nm の長さまで圧縮する。ヌクレオソームが多数一列に連なり，不規則に折りたたまれて収納したものをクロマチン（幅約 300 nm）という（図（a））。DNA はクロマチン構造をとることによって何重にも折り畳んで圧縮することができる。クロマチンが最大限に圧縮されたものが，例えば細胞分裂の M 期（1.3 節に記述）にみられる中期染色体に該当し，その際の圧縮率は約 5 万倍である（図（b））。この DNA 情報を含むゲノムが 46 本の染色体に包含されて細胞核に収納されている。

1.2.2 常染色体と性染色体

染色体の構成要素はヌクレオソームを基本にして多重に畳んだクロマチンである。分裂期の染色体は一対の姉妹染色分体から構成される。また，染色体の大きさは 0.1〜20 μm である（**図 1.8**（a））。染色分体どうしがより強固に接着している領域をセントロメアという。分裂期にはセントロメア上に形成さ

12   1. 生物学の基礎

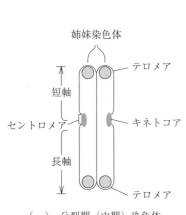

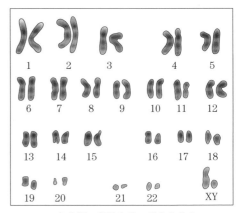

（a） 分裂期（中期）染色体　　　　（b） 染色体の形状と順番の番号

図1.8　染色体の構造

れるキネトコアに微小管が結合し，染色分体を両端へ引っ張る。

　ヒトの染色体は22対44本の常染色体と，1対2本の性染色体を持ち，約30億の塩基対で，約2万7000の遺伝子をコードしている。このうち，常染色体は国際統一命名法で塩基数の長い順に1〜22番まで番号が振られている。例えば

・1番染色体：塩基数約2億7900万個，遺伝子数2610個
・6番染色体：塩基数約1億7600万個，遺伝子数1394個
・14番染色体：塩基数約1億700万個，遺伝子数1173個
・20番染色体：塩基数約6600万個，遺伝子数710個

などである。

　有性生殖を行う多くの種は，二倍体の体細胞と一倍体の配偶子を持つ。ヒトの二倍体細胞は，22対の常染色体と1対の性染色体，計46本（＝23×2）の染色体を持つ。性染色体の組合せは女性では2本のX染色体，男性はX染色体とY染色体1本ずつとなっている。常染色体は大きい順に並べて番号（1, 2, …, 22）を付ける。染色体はそれ自体が固有の情報量を持ち，大きさも異なる

1.2　ゲノムと遺伝子　　13

（図 1.8（b））。なお，染色体数は生物種によって決まっている。例えば，ショウジョウバエは 8，大麦は 14，ヒトは 46，ゴキブリは 47，ハトは 16，ブタは 38，チンパンジーは 48，コイは 100 などと固有の数を持っている。

1.2.3　RNA による DNA の転写と翻訳機能

　DNA が転写という過程を経て RNA に変換され，その RNA が翻訳という過程を経てタンパク質に変換されて初めて生命活動に寄与するということを先に述べた。これは，DNA →（転写）→ RNA →（翻訳）→タンパク質という変換を基礎にしている。まず，DNA 2 本鎖のらせん構造を 1 本鎖に分離し，これを鋳型として A → U，T → A，G → C，C → G の規則に従って 1 本鎖の RNA 上に転写される（**図 1.9**（a））。この働きは RNA ポリメラーゼ複合体という酵素が行う。この酵素は自身が前方のらせん状の 2 本鎖塩基相補的結合部である水素結合をほどきながら鋳型に沿って RNA に AUGC を転写し，転写が終わったあとで再び 2 本鎖に巻き戻すという多機能を持っている。細胞核内で転写され，合成された RNA は翻訳のために核外（細胞内小器官のリボソーム（ribosome））に運ばれる。このときの RNA をメッセンジャー RNA（mRNA）と呼ぶ。リボソームは，細胞核の外側の粗面小胞体に局在しているタンパク質合成の小器官で，mRNA は核内から核外のリボソームへ自由に移動できる。mRNA はリボソームで翻訳されてタンパク質になる（図（b））。

　DNA の遺伝情報がタンパク質に翻訳されることは，mRNA 内の暗号（コドン）にしたがって指定されたアミノ酸が順番につながっていくことを意味している。この際に転写される mRNA は直接タンパク質の素になるアミノ酸へ翻訳されるわけではない。mRNA 内のコドンとアミノ酸を正確に対応させるためには遺伝情報が誤りなく伝わらなければならない。このために使われるのがトランスファー RNA（運搬 RNA，tRNA）である。つまり，tRNA はコドンとアミノ酸の関係を取り持つ分子であり，リボソームにおいて mRNA は tRNA を介してアミノ酸に正確に置き換わっていく。

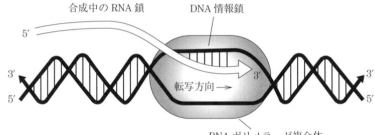

DNAの2本鎖のうち，鋳型となる鎖（黒線）は3′から5′方向に読み取られ，5′から3′方向にRNA（白線）が作られる。

（a） RNAの合成の流れ

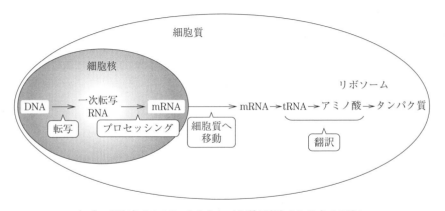

（b） 細胞内でのDNAからタンパク質が産生されるまでの流れ

図1.9 RNAの転写と翻訳（タンパク質の合成）（文献8）[†] p.56 図2を改変転載）

1.3 細胞周期と細胞分裂

生物の体は，元は1個の細胞である受精卵が細胞分裂をして増え続けてできたものである。一つの細胞が生体になるまでに数多くの分裂と熟成を繰り返し，増殖しなければならない。さらに，細胞が形を変えて特殊な機能を持つように

[†] 巻末の引用・参考文献を表す。

分化しなければならない。胎児から成人の体になっていく過程で，細胞の増殖だけでなく分化が重要な役割を果たしている。成人ですでに目立った成長がとまってしまった場面でも，細胞は休むことなく増殖と分化を続けている。人体では毎秒数百万回の細胞分裂が行われているといわれている。

1.3.1 細 胞 周 期

細胞が分裂して二つの細胞になるためには，まず遺伝物質のDNAが倍にならなければならないし，細胞質や細胞内小器官も倍になる必要がある。ヒトの細胞1個に含まれるDNAは約32億個の塩基対からなっているので，この遺伝情報を正確に複製することだけでもかなりの時間が掛かる。

細胞が分裂するという現象は，DNAを複製し，他の構成成分も倍加させ，それを二つに分裂させるという正確な手順が要求される。細胞分裂に伴う，このような順序だった一連の過程を細胞周期という。DNAを複製する時期をS（合成，synthesis）期，細胞が分裂して二つになる時期をM（有糸分裂，mitosis）期，M期からS期までの間をG_1（gap phase）期，SからMまでの間をG_2期と呼ぶ（図 **1.10**）。

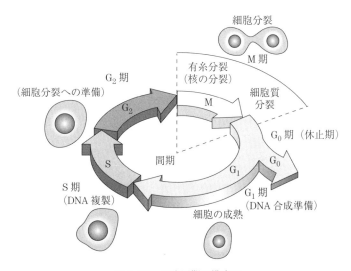

図 **1.10** 細胞周期の模式図

16   1. 生 物 学 の 基 礎

　細胞分裂を起点として間期 G_1 の間に細胞は成熟し，つぎの細胞分裂に備えるために DNA の複製が S 期の DNA 合成期で行われる。その後に細胞分裂の準備段階としての期間 G_2 を経て細胞分裂が起こる。細胞周期は細胞の種類や生物種によって異なるが，ヒトの細胞は 20 ～ 24 時間の周期で 1 周する。細胞周期が回転しているのは増殖している細胞だけである。

　ヒトの体内には，分化を終了してもはや細胞分裂をしない細胞や，増殖を一時的に休止している細胞が少なくない。一度成人してしまえば分裂する細胞は限られてくる。これらの分裂をしない細胞は，通常 G_1 期に相当する段階で留まっており，これを特に G_0 期と呼んでいる。G_0 期では細胞増殖の調節を行い，多くの細胞が周期から逸脱し，分裂行為を停止させている。体内に存在する細胞のほとんどは G_0 期に留まっている。この時期の細胞は DNA 合成や細胞分裂は行わないが，臓器が過剰に大きくなりすぎることを防止する機能を保持し，単に分裂しないというだけで細胞自体は生きて活発に活動をしている。

1.3.2 細 胞 分 裂

　細胞分裂は，まず 46 本の染色体が二つに分かれ（核の分裂，有糸分裂），細胞質が膜で二つに区切られる時期（細胞質分裂）を総称して M 期という。細胞周期の過程で M 期が一番短く，多くの動物細胞で約 1 時間の活動である。**図 1.11** に見られるように，分裂過程は前期，前中期，中期，後期，終期の区分で経過する。

〔1〕 前　　　期

　細胞分裂の間で最も長く，約 30 分続く。すでに DNA 複製は終了し，核内の染色体が凝縮している。染色体は部分的に凝縮し，核小体が分散し始めており，核膜が断片化し，分離中の中心体の周りに星状体が形成し始める。

〔2〕 前 中 期

　染色体が十分に凝縮し，紡錘体が形成される。

〔3〕 中　　　期

　凝縮した染色体が紡錘体赤道面に整列する。

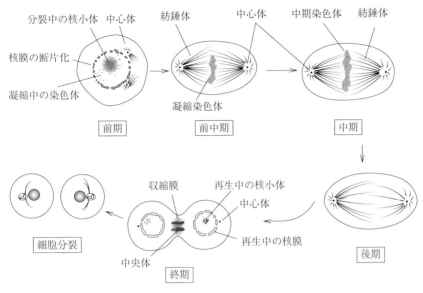

図 1.11 細胞分裂の過程

〔4〕 後　　　期

染色体が分かれて娘染色体となり，中心体に向かって移動する。

〔5〕 終　　　期

染色体の凝縮が解かれ，核膜と核小体が再び形成される。微小管が収縮環の内側に集積して中心体を形成する。収縮環はアクチンとミオシンのフィラメントで構成する収縮力で細胞質にくびれを作る。その結果，細胞は分裂して二つの娘細胞ができる。

1.4　細　胞　死

1.4.1　細胞死とアポトーシス

　成人の体では細胞が絶えず増殖し続けるが，幼児のような急速な成長は見られない。それは，絶えず細胞が死んでいるからである。細胞が死んでその内容物が細胞の外に漏れだすと，その影響が人体のあちこちに現れることになる。

しかし，体内で多くの細胞が常時死んでいるのに体はその影響を受けていないのは，きちんとした手順に基づいて細胞死が行われているからである。これが「プログラムされた細胞の死」ということになる。

生体の中のひとつの正常な過程として生じている細胞の死をプログラム死あるいはアポトーシスという。アポトーシス（apoptosis）は「葉や花びらが散る」様子を表すギリシャ語 apo-ptosis が語源であり，細胞死，自死，あるいは枯死などと訳されて，いかにも自然現象のごとくに表現される。アポトーシスを起こした細胞や核は縮んで凝縮し，細胞骨格は崩れ，核の DNA は分解される。細胞の表面にも特有の変化が現れてマクロファージなどの食作用を持つ細胞を引き寄せ，内容物が周囲に漏れ出さないうちに，これらの細胞に取り込まれることで周囲に害を及ぼさない。プログラム細胞死の多くがアポトーシスの機構によるものと考えられている。

アポトーシスは生理的に制御された死であるともいえる。多細胞生物におけるアポトーシスの意義は，生体に害を及ぼさないシステムで，不要になった細胞や有害となる異常細胞を徐去することにある。細胞の新陳代謝として，骨髄や腸上皮などでは絶えず新しい細胞が幹細胞から供給され，古い細胞はアポトーシスによって徐去されている。幹細胞は何度も分裂することができ，かつ自分以外の細胞に分化することができる細胞である。幹細胞の特徴は非対称分裂をすることである。分化が進んだ細胞は対称分裂，すなわち自分自身と同じ細胞にしか分裂できないが，幹細胞は他の細胞に分化することができる。これを非対称分裂という。例えば，神経幹細胞がニューロンやグリア細胞になることは非対称分裂である。この新陳代謝は感染からの防御を担う機構であるから，これによって組織の健全性を保っている。

アポトーシスの生理的制御は，細胞内小器官の一つであるミトコンドリアが中心的な働きをする。細胞膜への刺激や DNA 損傷などの情報を受け取るとカスパーゼというタンパク質分解酵素が活性化してアポトーシス特有の一連の反応を起こさせる。

なお，増殖中の細胞が放射線を浴びた場合に，細胞死や突然変異（4.4節参照）よりももっと早い時間にみられる影響が細胞の分裂遅延，すなわち細胞周期の進行が阻害されて増殖が一時的に遅れる現象である。放射線で起こる分裂遅延は単なる受動的な反応でなく，細胞が放射線損傷を修復する時間をかせぐために積極的に細胞周期の進行を停止する機構に基づいている。

アポトーシスが起こるべきときに起こらない例としてがん化した細胞がある。がんは細胞が無秩序に細胞分裂を繰り返して体内で異常増殖するのであるが，増殖に伴うはずのアポトーシスの過程が欠落している異常だといえる。

1.4.2　ネクローシス

プログラム死であるアポトーシスは，形態の形成や維持，不要になった細胞や有害細胞の除去などの恒常性の保持など，多彩な生命活動を維持するうえで必要不可欠な細胞死機構であり，多細胞生物にとって細胞の増殖や分化と同様に必要なシステムである。これら「制御された能動的な」細胞死（アポトーシス）と対をなす細胞死がネクローシス（necrosis）である。

ネクローシスは，生物の組織の1部分が死んでいく様態，または死んだ細胞の痕跡のことである。過度の物理的・病理的刺激によって引き起こされる死，例えば，感染，物理的破壊，化学的損傷，血液の減少などの原因により体の一部を構成する細胞だけが死滅する細胞の死，すなわち細胞壊死である。この場合に，壊死した細胞の内容物が外部に漏れだし，それを処理できずに細胞死してしまうので，その結果炎症が発生する。発生した炎症は生体の免疫系によって処理されるが，壊死した部分は正常に機能しないため，その分だけ臓器の機能低下がもたらされる。特に，神経細胞や心臓のように再生しない組織が壊死すると，その部分の機能は失われる。

2

放射線の基礎

2.1 放射線の種類と性質

放射線には，地球上に存在するさまざまな天然放射性核種から放出される自然放射線と，人間が生活向上のために放射線発生装置などで放出する人工放射線の2種類がある。

放射線は，もともと自然放射から放出される α 線，β 線，γ 線のことであったが，現在では同程度のエネルギーを持って運動している素粒子，原子核，光子などを総称して放射線という。

自然放射線はトリウム系核種，ウラン系核種，アクチニウム系核種などから放出されている，例えば，カリウム 40，ルビジウム 87，ウラン 238，トリウム 232 などがあり，半減期が数億年以上と長く，安定している。天然ウランには核分裂を簡単に起こすウラン 235 と分裂を起こさないウラン 234，ウラン 238 が含まれる。なお，地域によってこれらの放射線量は異なる。人工放射線は，放射線発生装置や放射性同位元素から出る放射線を対象として，工業，農業，医療，研究などさまざまな分野で利用されている。特に，原子核分裂装置や原子力発電に伴う放射線は放射性クリプトン・キセノン，ヨウ素 131，セシウム 137，プルトニウム 239 など多数・多量になっている。

放射線が物質中を通過するときに，原子・分子を直接あるいは間接的に電離するのに十分なエネルギーを持った粒子を電離性放射線という。放射線は粒子

2.1 放射線の種類と性質

の流れに方向性が認められる「線」であり粒子線である。放射線は荷電粒子と非荷電粒子に大別される。荷電粒子は持っている電荷によって直接，原子・分子を電離するので直接電離性放射線と呼ばれる。非荷電粒子にはX線，γ線，中性子線がある。これらは電荷を持たないので電気的な力で原子・分子を直接電離することはできないが，粒子と物質が相互作用し，その結果二次的に生じた荷電粒子が原子・分子を多く電離するので間接電離性放射線と呼ばれる。

　放射線の分類の方法には，放射線発生の要因，放射線の性質，放射線の利用方法などによる分類がいろいろあるが，医療用の観点から**図 2.1**に示すような分類に従うこととする。医療用放射線は，マイクロ波，赤外線，可視光線，紫外線などの非電離性放射線と，γ線，X線，α線，β線などの電離性放射線に分類される。これは放射線の物質へのエネルギー付与の有無という観点からの分類である。エネルギー付与による電離が生じると，その原子や分子は化学反応を起こしやすくなり，例えば，細胞の中で電離が発生するとDNAという遺伝子情報を直接・間接に損傷する可能性がある。このように電離を発生させるエネルギーを持った放射線という意味から電離性放射線といっている。医療用の放射線として電離性放射線（単に電離放射線ともいう）を中心に話を進める。電離性放射線は大きく電磁波と粒子線に分けられる。

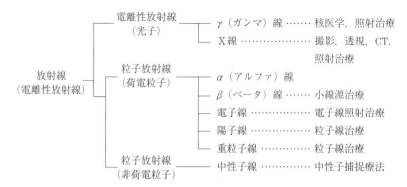

図 2.1　医療で用いられる放射線の分類とおもな応用

22　　2. 放射線の基礎

2.1.1 電磁波の特性

γ線とX線は同じ性質の電磁波である。電磁波は，波動性を強調すると波長のごく短い光となり，粒子性を強調すると光子となる。X線の発生原理を**図2.2**

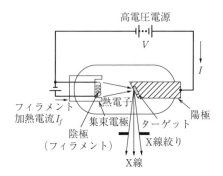

（a）　X線管によるX線の発生原理

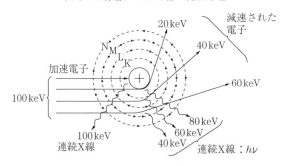

加速電子が原子核に衝突する場合と
核クーロン力で曲げられる場合。

（b）　連続X線の発生原理

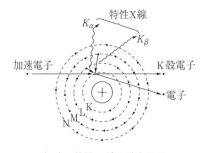

（c）　特性X線の発生原理

図2.2　X線の発生原理

（a）に示す。X線は陰極から放出した加速電子が陽極（タングステン）物質の原子核に衝突するか，核のクーロン力によって原子核近傍で鋭い偏向を受け，そのためX線光子を放射することでエネルギーを失う。陽極の物質では，重い原子核のほうが軽い原子核より偏向が大きいので，放射線の放出は効率的である。X線の発生効率は原子番号に比例する。この偏向で発生する連続X線（図（b））と，加速電子が陽極原子の軌道電子を軌道外にはじき飛ばし，その空席に周囲の軌道電子が落ち込んだときに発生する特殊X線（図（c））が合わさって，図2.3に示すようなX線光子エネルギー分布の特性曲線が得られる。この特性は加速電子のエネルギー（陰極−陽極間電圧）によって制御される。

γ線は原子核（放射性核種）が崩壊するときに放出される放射線で，例えば，コバルト60は崩壊しながらγ線を放出し続け，安定なニッケル60になるまで続く。^{60}Co（コバルト60）の半減期は約5年である。γ線とX線はともに短い波長を持った電磁波で波長，放射エネルギーが同じ領域であり，利用法も同様である（図2.4）。^{60}Coのγ線を利用した集光照射装置ががん治療に適用した通称ガンマナイフが有名である。

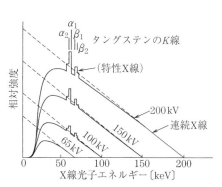

図2.3 タングステンターゲットから発生するX線光子エネルギー分布

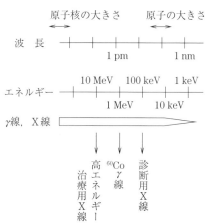

図2.4 短い波長を持った電磁波（γ線，X線）

24　　2. 放 射 線 の 基 礎

2.1.2　粒子線の特性

α 線，β 線，γ 線はいずれも核分裂の際に放出される放射線である。γ 線は前述のように ^{60}Co の核崩壊の際に放出される電磁波であり，α 線，β 線は粒子線である。これら放射線の発生過程はさまざまである。核分裂は ^{235}U（ウラン235）のような質量の大きな原子核に中性子を衝突させて，質量がほぼ半分の二つの原子核 ^{141}Ba（バリウム141）と ^{92}Kr（クリプトン92）に分裂する現象である（**図 2.5**）。その際に巨大なエネルギーを放出すると同時に α 線，β 線などの放射線と数個の中性子が放出される。平均 2 ～ 3 個の高速中性子が放出されるが，この中性子が別の ^{235}U に再び吸収され，新たな核分裂反応を引き起こす。これを核分裂連鎖反応という。核分裂連鎖反応は指数関数的に反応する。この連鎖反応をゆっくりと進行させ，持続的にエネルギーを取り出すようにしたのが原子炉である。一方，この連鎖反応を高速で進行させ，膨大なエネルギーを一瞬のうちに取り出すのが原子爆弾である。

　放射性物質の中には自然崩壊する物質がある。^{226}Ra（ラジウム226）は自然崩壊しながら α 線，γ 線を放出し，^{222}Rn（ラドン222）になる（**図 2.6**）。半減期は 1 600 年である。放出される γ 線は X 線とほぼ同じ性質である，

　α 線は放射性同位元素が α 崩壊して放出する粒子線で，組成はヘリウム原子核そのものである。ヘリウムは陽子が 2 個，中性子が 2 個の質量数 4 の元素である。粒子が大きく，プラスの電荷（＋e）を帯びている。遠くまでは飛行できず，体内への透過性は低い。ただし，放射性元素 ^{239}Pu（プルトニウム239）のような α 線を放出する物質が体内に入ると，内部被ばくを引き起こす恐れがあるので要注意である。

　β 線は β 崩壊で放出される高速な電子である。β 崩壊は β^{-} 崩壊と β^{+} 崩壊があり，β^{-} 崩壊は原子核の中の中性子が陽子と電子に分離し，その電子が放出されて β 線になり，原子核は陽子になる。β 線の正体は電子と陽電子である。β^{-} 崩壊では中性子（n）が崩壊して陽子（p），電子（e^{-}），反ニュートリノ（$\overline{v}_e$）になり，電子（e^{-}）は β 線（電子線）として放出し，核子は陽子に変わる。次式のとおり反ニュートリノも放出する。

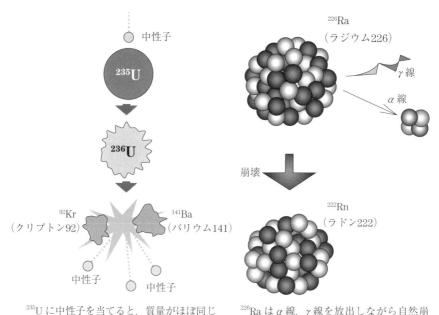

^{235}U に中性子を当てると,質量がほぼ同じ二つの原子核 (^{92}Kr, ^{141}Ba) に分裂し,巨大なエネルギーを放出する。

図 2.5 核分裂の模式図

^{226}Ra は α 線,γ 線を放出しながら自然崩壊して ^{222}Rn になる。Ra の半減期は 1 600 年である。

図 2.6 放射性物質の崩壊

$$n \rightarrow p + e^- + \bar{v}_e \tag{2.1}$$

β^+ 崩壊では陽子が β^+ 線(陽電子線)とニュートリノを放出して次式のように核子は中性子になる。

$$p \rightarrow n + e^+ + v_e \tag{2.2}$$

β 線は α 線に比べると粒子が小さいので,α 線より飛距離がやや長い。体内では数 mm から数 10 mm 通過行程なので細胞損傷は少ない。

中性子線は中性子の粒子が高速で飛行する粒子線である。電気的には電荷を帯びていないので体内を高速に通過が可能で,しかも,細胞損傷は X 線や γ 線より 5 倍から 20 倍も高くなる。中性子は通常,陽子とともに原子核に存在する。単独の中性子は不安定で,半減期は 10 分程度で壊変し陽子と電子になる。

2.1.3 重荷電粒子線の特性

陽子線，α線，重粒子線などを重荷電粒子線という。この中でも最も質量が小さい陽子でも電子の1 800倍以上の質量がある。前述のように，原子核がβ^+崩壊すると中性子が陽子と電子に分離し，陽子が放出されて陽子線になり，原子核は中性子になる。

重荷電粒子は物質中を通過する際，クーロン相互作用によって原子を電離・励起する。しかし，重荷電粒子は質量が大きいため衝突によって進路を曲げられることはほとんどなく，物質中を直進する。重粒子はヘリウムより重い粒子の総称で，基本的に陽イオンである。がん治療に使用される重粒子線は炭素イオンである。

2.1.4 放射線の性質

放射線が物質中を通過していくとき，電子を跳ね飛ばして物質を電離させる力，すなわち電離作用はα線が最も大きく，β線，γ線の順となる。物質を通り抜ける力，透過力はγ線が最も大きく，β線，α線の順となる（**図2.7**）。

重粒子線は，電磁波であるX線やγ線と違って，粒子が静止するときに細胞を損傷させる力が最大になる特徴がある。この特徴を生かしてがん治療を行

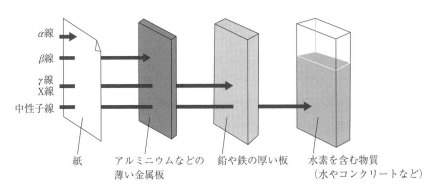

ヒトの身体はほとんどが水成分であり，中性子線が身体に当たると，身体組織を破壊するなどして，そこで止まる線量が多くなる。

図2.7 放射線の透過能力の模式図

う。この特徴をブラッグピークという（ブラッグピークについては7.6節で詳しく説明）。

2.2　放射線の線エネルギー付与（LET）と生物学的効果比（RBE）

2.2.1　放射線のLET

LET は linear energy transfer の略で線エネルギー付与と訳している。LET は荷電粒子の通過した飛跡にそって，物質にどれだけエネルギーを与えたかを表している。α線やβ線などの荷電粒子は物質を励起および電離しながらエネルギーを失って止まる。止まるまでの距離を飛程と呼び，単位距離当りに失うエネルギーをエネルギー損失または阻止能という。通常，荷電粒子線が1 μm進んだときに平均何 keV のエネルギーを与えたかで示し，単位は〔keV/μm〕を使う。

荷電粒子線が物質に及ぼす作用はおもにクーロン力を介した物質の電離や励起である。電離や励起を引き起こした荷電粒子は，その相互作用により運動エネルギーを失っていくが，その相互作用はα線や陽子線のような重荷電粒子（重い荷電粒子）の場合と，電子線　（β^-線）や陽電子線（β^+線）の場合とに大別される。「重い」という意味は荷電粒子の質量 M が電子の質量 m_e に比べてかなり重い（$M/m_e \gg 1$）ということである。陽子線は電子線の1 836倍，α線は7 249倍である。電子と陽電子以外の荷電粒子は，すべて「重い荷電粒子」の範疇に属する。

重荷電粒子線の場合には，質量 M と m_e の衝突で，相互作用での散乱の相手である電子の質量が非常に小さいので，1回の散乱に伴う運動エネルギーの損失や運動量の変化がきわめて小さいものになる。これに対して，電子どうしの散乱では，標的粒子は最大限入射粒子の運動エネルギーの半分までを持ち去れることになる。荷電粒子が電子または陽電子からなる場合，1回の散乱で入射粒子の失うエネルギーが非常に大きくなり，その結果大きな運動エネルギーを

28   2. 放 射 線 の 基 礎

持つ二次電子を生成し得ることが特徴になる。

　重荷電粒子線は，物質中で電子を散乱しても，その進行方向はほとんど影響を受けない。その結果，重荷電粒子線の伝搬方向は，原子核と散乱した場合だけ変化する。原子核が及ぼすクーロン力の強さは原子番号に比例するから，同じ質量を持つ物質層を通過したときに生じる重荷電粒子線の伝搬方向の変化は，原子番号の大きな物質ほど顕著になる。一方，重荷電粒子線が物質中を単位距離進む間に失うエネルギーの期待値，すなわち電子衝突阻止能は，粒子の速度によって決まる。α 線や陽子線はこのような性質を持っている。

　α 線が飛跡にそって与えるエネルギーは，粒子速度によって決まるので，止まるまでに一様に物質を電離するのでなく，止まる直前に電離を多く起こすことがわかる。このような速度による電離の度合いの違いは，β 線ではほとんどみられない。X 線や γ 線のエネルギーは，まず二次電子に与えられることから，これらの LET は β 線とほぼ等しいとみられる。すなわち，β 線，X 線，γ 線の LET はほぼ等しく，その値は小さい。一方，α 線やそのほかの重粒子線，中性子線は LET 値が高い。したがって，β 線，X 線，γ 線は低 LET と呼ばれ，α 線，重粒子線，中性子線などは高 LET と呼ばれる。なお，非荷電粒子である中性子線が高 LET に分類されるのは，中性子線が水素原子核（陽子）と衝突してエネルギーを陽子に与えて，その陽子が物質を電離させるという反応を起こすからである。その中でも速中性子線は数 MeV 程度のエネルギーを持っている。その程度以下のエネルギーの陽子線は非常に高いエネルギーを持っており高 LET に分類される。結果として，大きな電離を起こし，生体細胞の破壊を起こすために速中性子線は高 LET 放射線になる。

　一般に，陽子線は低 LET に分類される。放射線エネルギーが 10 MeV と 150 MeV の場合，それぞれ LET〔keV/μm〕は 4.7 と 0.5 である。250 kV の X 線で 2.0 であるから，当然低 LET に属する。しかし，治療に用いられる陽子線は，体内線量分布が X 線や γ 線のものとは異なり，α 線や重粒子線のものと似ている。止まる直前に大量のエネルギーを放出するので，ブラッグピークでの陽子線の LET は非常に高くなる。このために，陽子線は放射線治療に利用できる。

2.2.2 放射線のRBE

RBE は relative biological effectiveness の略で生物学的効果比と訳されている。LET が放射線の種類によって組織に与えるエネルギーの大きさを評価しているのに対して，RBE は放射線の種類によって組織に与えるエネルギーが細胞の生存率とどのように関与しているかを評価しようとする指標である。そこで，放射線の種類やエネルギーによる生物効果の違いを定量的に表すためにRBE を下式のように定義する。

$$\text{RBE} = \frac{\text{ある生物効果を得るのに必要な基準放射線の吸収線量〔Gy〕}}{\text{同じ生物効果を得るのに必要な着目放射線の吸収線量〔Gy〕}} \quad (2.3)$$

※〔Gy〕は 2.3.3 項を参照

基準放射線として X 線発生管の管電圧 250 kV の X 線やコバルト 60 からの γ 線が用いられる場合が多い。具体的には，低 LET 放射線の代表である X 線と高 LET の代表である α 線をそれぞれ細胞に照射したときの細胞生存率で評価する。

RBE は同じ生物学的効果（生存率）を得るのに必要な線量が，α 線では X 線の何倍少なくてすむかを評価する。いい換えると，α 線は X 線より何倍強い生物学的作用を持っているかを評価することを示している。そこで RBE は細胞の生存率評価によって決まる。RBE を左右する因子として，一回照射か分割照射がある。X 線の場合は分割照射が一回照射の場合に比べて生存率が高くなり，重粒子線の場合は一回照射と分割照射で生存率はほとんど変わらない。生存率を変えた場合も同様に RBE を左右する因子がある。X 線などの低 LET 照射の間や照射中での細胞損傷の修復が起こるが，重粒子線などの高 LET 照射ではこのような修復はあまり働かない。

このように，RBE は，同じ組合せで放射線どうしを比較していても，なにを生物学的影響としているか，あるいは LET，線量，線量率がどうなのかなどにより値は変わり，複雑なものである。

30 　2. 放 射 線 の 基 礎

2.2.3 LET と RBE の関係

LET と RBE の値の関係は直線的でない。LET 値が増大するとやや RBE 値は大きくなるが，ある LET 値〔keV/μm〕）でピーク値を示し，その LET 値以上では急激に減少する。LET が高いときは電離の密度が高くなり，電離密度が徐々に増加するに従って放射線が DNA 鎖を遮断する本数が 1 本から 2 本へと増加する。さらなる電離密度増加は局所的に多数の DNA 損傷をもたらし修復を困難にする。すなわち，RBE のピーク値を示す以上の LET は修復できない損傷を生じるだけで，生物効果は大きくならないと考えられる。

LET がある値のときに RBE にピーク値を示すのかを考えてみる。放射線の生物学的影響は DNA の損傷である。DNA は 2 重らせん構造であり，その鎖間の距離（単鎖間距離）は 2 nm（図 1.5）である。放射線の損傷を考える場合，平均 2 nm ごとにエネルギーを付与する LET（約 100 KeV）が最も効率よく DNA 損傷を引きこすことができることになる。この LET 値より大きいと 2 nm より短い間隔でエネルギー付与を起こしてしまい，効率が悪くなると同時に RBE も低下する。約 100 KeV/μm 以上における RBE の低下をオーバーキル効果といい，実際に過剰に細胞に損傷を与えているわけではなく，標的の DNA をヒットしていない無駄なエネルギー付与が多くなっていることを意味している。

2.2.4 LET と OER（酸素増感比）の関係

X 線や γ 線の生物学的効果は酸素が存在することで大きくなる。酸素効果は，生体中の水分子や高分子が放射線のエネルギーで活性酸素を発生することによる。この活性酸素は，放射線の直接作用あるいは間接作用でラジカルを持つようになった生体高分子が，酸素と反応して過酸化物を形成し，放射線による損傷が修復不可能な状態になるためと考える。

酸素の放射線増感効果を定量的に表したのが酸素増感比である。oxygen enhancement ratio を訳して酸素増感比（OER）という。OER は次式のように表現される。

$$\text{OER} = \frac{\text{酸素非存在下である生物効果を得るのに必要な吸収線量〔Gy〕}}{\text{有酸素下で同じ酸素効果を得るのに必要な吸収線量〔Gy〕}} \quad (2.4)$$

X 線に比べて LET が高い中性子線では OER が小さくなる。α 線では有酸素下でも酸素非存在下でも細胞生存率はほとんど変わらない。高 LET 放射線では酸素効果は小さくなる。OER は LET が高くなるのに伴い減少し，LET が約 100 KeV/μm を超えると OER は 1 に近くなる。LET と RBE，OER の関係の模式図を**図 2.8** に示す。なお，活性酸素の作用については 3.2 節で詳しく述べる。

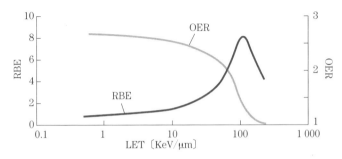

RBE，OER 曲線ともに 100 KeV/μm のエネルギー付与点近傍が変曲点である。その理由は DNA 鎖の鎖間距離が 2 nm であることから，2 nm ごとにエネルギー付与する LET が最も効率よく DNA 損傷を引き起こすからである。

図 2.8 LET と RBE，OER の関係（文献 8）p.238 図 3 を転載）

2.3 放射線量の単位

2.3.1 フルエンスとエネルギーフルエンス

単位面積を通過する放射線の本数をフルエンス，エネルギーで評価するときはエネルギーフルエンスという。**図 2.9**（a）に示すように，任意の断面での放射線数やエネルギー量を考えるには，断面にあらゆる方向から，また，いろいろなエネルギーレベルの入射を対象にするのが一般的である。図（b）には一方向から入射する特別な場合を示す。ある面を通過する放射線について，持っ

32   2. 放射線の基礎

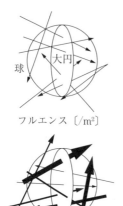
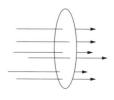

フルエンス〔/m²〕

フルエンス〔/m²〕

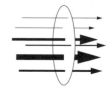

エネルギーフルエンス〔J/m²〕

エネルギーフルエンス〔J/m²〕

ある球を任意の方向から通過する放射線の本数や総エネルギーを単位面積で表す。

単位面積当りの通過する放射線の本数や単位面積を通過した放射線のエネルギーの総和。

（a） 任意の方向から入射する一般的な場合

（b） 放射線が一定の方向からくる特別な場合

線の太さにより個々の放射線のエネルギーの違いを表す。

図 2.9 フルエンスとエネルギーフルエンス

ているエネルギーを全部加えてその面積で割るとエネルギーフルエンスが求められる。

フルエンスおよびエネルギーフルエンスの単位はそれぞれ〔/m²〕，〔J/m²〕である。なお，Jはエネルギー単位のジュールである。また，1秒間に通過する放射線の数，総エネルギーはそれぞれフルエンス率〔/(m²·s)〕，エネルギーフルエンス〔J/(m²·s)〕であり，その場所での放射線の強さ（線量率）を示す。

2.3.2 照 射 線 量

照射線量は，放射線の通過による空気のイオン化の程度で表す。具体的には，X線やγ線は透過性が大きいので電離箱内の空気を通過する際に，光電効果や

2.3 放射線量の単位　　33

コンプトン散乱により箱内の空気を電離するので，その電気量を測る。α 線や β 線は透過性が小さいのでこの方法は適さない。X 線や γ 線が 1 kg の空気が電離し，そこに 1 C（クーロン）の電気量が生じた場合に 1 C/kg の照射線量といい，C/kg を単位とする。

2.3.3 吸 収 線 量

吸収線量は放射線の生物への影響を考えるとき最も基本になる量であり，放射線によって単位質量の物質に与えるエネルギーである。単位は Gy（グレイ）で 1 Gy＝1 J/kg である。吸収線量はエネルギーを質量で割ったものになる。これは，生体が放射線を吸収したときの温度変化を意味している。単位 Gy はイギリスの物理学者グレイ（L.H. Gray）の名に由来している。

医療の領域において吸収線量〔Gy〕が多く用いられるおもな理由は以下のとおりである。

① 医療で用いられる放射線は基本的に放射線加重係数が 1 の放射線（X 線，γ 線，β 線）がほとんどである。

② 医療の領域では，診断に用いられる数 mGy の被ばくから放射線治療で用いられる数 10 Gy と幅広い線量領域で共通して使える線量は，基本量としての吸収線量である。

2.3.4 等価線量（総量線量）

吸収線量が同じであっても，放射線の種類やエネルギーによって生物効果の大きさは異なる。特に，ヒトの確率的影響に着目して重みづけした線量を等価線量という。等価線量は吸収線量に放射線加重係数をかけることによって得られ，単位は Sv（シーベルト）である。例えば，ICRP（国際放射線防護委員会）勧告による放射線加重係数 W_R は光子・電子で 1，陽子は 2，α 粒子・重イオンは 20 である。等価線量（H_r）および吸収線量（D_r）と W_R の関係はつぎのようになる。

34　　2. 放射線の基礎

$$H_r = W_R \times D_r \tag{2.5}$$

なお，単位 Sv はスウェーデンの物理学者シーベルト（R.M. Sievert）の名に由来している。

したがって，X 線，γ 線，β 線は 1 mGy＝1 mSv であり，α 線は 1 mGy＝20 mSv となる。等価線量は放射線防護を目的とする単位であり，線量限度を超えない範囲（低線量領域）で用いられる数値である。そのため，数 Gy を超える被ばくの場合には，一般的に等価線量を用いることはない。

③

放射線と細胞の相互作用

3.1 放射線の透過性

　原子はプラスの電荷を持つ原子核と，核の半径の1万倍以上もある空間を回っているマイナス電荷を持つ小さな電子からなる。**図3.1**（a）に見られるように原子そのものがすきまだらけの構造である。放射線が物質を通過するとき，その放射線が電荷を持っていれば，原子核や電子との電気的相互作用（クーロン力）のためあまり前進できないが，電荷がなければ中性子のようにその広い空間を進んでいく（図（b））。さらに，X線やγ線は波長が短く，可視光のように簡単には物質に吸収されないので透過性が高い。

　X線撮影で得られる画像は生体のX線の透過性を表している。生体は，水素（H），炭素（C），酸素（O）などの高分子化合物と，軽金属 Na，Mg，K，Ca などの電解質で構成されている。これらの元素に対するX線の透過のしやすさは，原子番号（陽子の数）に等しい電子数とX線との関係に依拠する。電子は，図2.2に見るような一定の軌道を周回しているのではなく，**図3.2**（a）に示すように球面を自由に飛行している。電子は，原子核の半径が約 $(1 \sim 6.5) \times 10^{-15}$ m に対して，半径 $(0.5 \sim 1.5) \times 10^{-10}$ m の位置に厚さ約 1×10^{-10} m のK殻からQ殻までの七つの殻層が詰まった球殻内を自由に飛行している。球面に対して赤道のような特定軌道でなく，各殻層内を自由に不規則な軌道をとりながら回転している。この振舞いは雲のように広がっているよう

36　3．放射線と細胞の相互作用

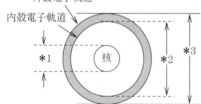

*1：原子核の直径 ｜ 水素原子：2×10^{-15} m
　　　　　　　　 ｜ ウラン原子：13×10^{-15} m
*2：内殻電子軌道直径　1.08×10^{-10} m
*3：外殻電子軌道直径　3×10^{-10} m

外殻，内核間の距離 1.92×10^{-10} m の幅に7層（K～Q）の電子軌道が配列されている。なお，電子の大きさは 10^{-18} m である。

（a）　原子の構造模型と大きさ

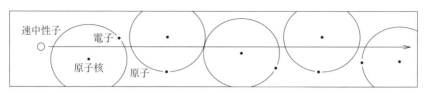

速中性子はエネルギーが 0.1 MeV 以上または 0.5 MeV 以上の中性子をいう。高速中性子ともいわれ，原子核と衝突するまで飛行する。
荷電粒子と異なって，中性子は電気的相互作用がないために広い空間を進行する。

（b）　速中性子の物質中の飛行の様子

図3.1　原子核の構造と放射線の透過

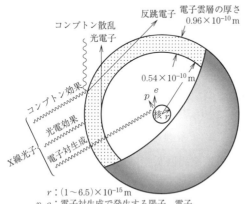

$r:(1～6.5)\times 10^{-15}$ m
p, e：電子対生成で発生する陽子，電子

光電子のエネルギーの大きさによって光電効果，コンプトン効果，電子対生成が起こる。

（a）　自由電子の飛行

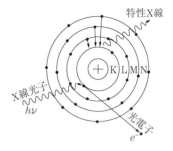

生体組織のように低原子番号物質では特性X線エネルギーも光電子エネルギーも低いのでその近傍でただちに吸収されてしまう。

（b）　光電効果の原理

図3.2　原子模型でのX線光子の作用

3.1 放射線の透過性　37

に見えることから，電子の動きを電子雲という。したがって，原子番号によって電子雲の密度が決まる。X線の透過は電子雲の密度に左右されることになる。

タンパク質や脂質の高分子化合物の主成分である酸素Oの電子数は8個，骨の主成分であるCaの電子数が16であるから両者の電子密度は明らかに差異が大きい。すなわち，タンパク質より骨のほうが電子密度は大きい。X線写真で骨が白く映るのはCaによるX線の吸収（光電効果が大きい）が大きいことによる。

X線は荷電粒子の運動状態や束縛状態が変化した際に余分なエネルギーが光子の形で放出されたもので，電子のエネルギー状態の変化に伴う現象である。γ線も同様である。この光子が持つエネルギーが物質を直接電離する過程に，光電効果，コンプトン効果，電子・陽電子対生成の3通りがある。X線（γ線）のエネルギーと物質が決まると，ある物質の厚さを通過する間に起こる3通りの電離の確率が決まる。

3.1.1　光　電　効　果

光電効果は，X線光子が入射物質の軌道電子に衝突し，すべてのエネルギーを軌道電子に与えて消滅する現象である。その際に衝突した軌道電子は二次電子として原子核外にはじき飛ばされる。はじき飛ばされた二次電子を光電子という（図3.2（b））。光電効果が起こると，X線のエネルギーはほぼ全部が電子の加速にあてられ，一次電離が行われてX線は消滅する。一次電離で加速された二次電子は周りの物質を電離・励起しながら，さほど遠くまで伝搬せずに吸収される。一次電子より二次電子の数は圧倒的に多い。この一連の現象を光電吸収という。

光電吸収の現象を利用した一般的な生体計測法の応用として，光電脈波測定や酸素飽和度の測定がある。生体内で吸収・散乱される透過光あるいは反射光を受光素子で検出して血流脈波を計測するとか，光源を2波長にして検出された波形から酸素飽和度を測定する方法である。

3.1.2 コンプトン効果（散乱）

コンプトン効果は，光子が電子と弾性散乱を起こす現象で，静止する電子のエネルギー（E）に振動数νの光子が弾性散乱して電子を跳ね飛ばし，その分のエネルギーを失って振動数が小さくなった光子（$h\nu'$）に変化する現象をいう（図3.3（a））。

具体的には，図（b）に示すように，X線光子が最外殻軌道電子と衝突したとき，持っているエネルギーの一部を最外殻電子に与えてこれを原子の外に放出し，X線光子自身も散乱して進行方向を曲げる。散乱される光子の波長v'は元の波長vより長くなる。すなわち，周波数が低くなる。このコンプトン効

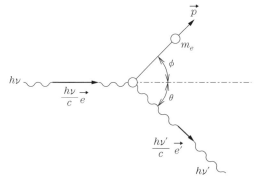

静止していた電子に振動数νの光子が弾性散乱し，電子の運動量Pで跳ね飛ばすとともに，その分のエネルギーを失って振動数の小さくなった光子が散乱される。

（a）電子と光子の弾性散乱

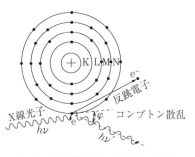

（b）外殻電子とX線光子の衝突

図3.3 コンプトン効果の原理

3.1 放射線の透過性   39

果で放出される電子を反跳電子という。反跳電子は，運動エネルギーを他の中性原子を電離するのに使うので，反跳電子の運動エネルギー E の分だけ入射X線光子のエネルギーが吸収されたと考えられる。入射X線光子のエネルギーを $h\nu$，散乱光のエネルギーを $h\nu'$ とし，反跳電子の運動エネルギーを E とすると

$$h\nu = h\nu' + E \tag{3.1}$$

となる。$h\nu'$ のエネルギーを持った散乱線はつぎの散乱を引き起こすか，光電吸収で消滅する。

ここで $\alpha = h\nu/E$ とすると，診断用X線では $\alpha < 1$ であり，医療用リニアックのX線や ^{60}Co の γ 線では $\alpha > 1$ といわれる。すなわち，診断用ではコンプトン効果により入射光エネルギーは少なくてすみ，医療用ではコンプトン効果が小さく深部にエネルギーが与えられる。

3.1.3 電子・陽電子対生成

原子の原子核入射X線光子が物質中の原子の原子核の近傍を通過するときに原子核の強いクーロン力を受けて，真空を走っていた光子が突然消滅し，一対の陽電子と電子が発生するのを電子・陽電子対生成という。これは，一対の陽電子と電子を発生させるのに必要な 1.02 MeV 以上のエネルギーを持っているX線光子が原子核の近くを通った際に，その強い電場の影響を受けて，電子と陽子を1個ずつ作って消滅する現象である。リニアック（高エネルギー発生装置）のように 15 ～ 20 MeV を最大とする制御X線が得られる装置は，深部に放射線を集中して皮膚障害を軽減するのに好都合ながん治療方法である。

図3.2 に示したように，X線の光電効果，コンプトン効果，電子対生成の生体作用効果の結果は，それによって生じる二次電子によるものであることがわかる。X線のエネルギーと物質が決まると，ある厚さを通過する間に起こる光電効果，コンプトン効果，電子対生成の確率が決まる。診断用X線エネルギーの大きさは 150 keV 以下が普通なので，光電効果の影響が大きく，それにコンプトン効果が多少重畳する領域と考えられる。

40   3. 放射線と細胞の相互作用

3.2 電離と励起の作用

生体への放射線作用を化学的面から考えると低分子，高分子のどの物質に対しても影響を与えるが，生物学的な観点からすると，障害の対象となる最も重要な分子は DNA ということになる。そこで水分子と放射線の関係が重要になる。

溶液に放射線を照射すると，放射線が直接に溶液分子に当たり，電解・励起することを直接作用という。一方，放射線が直接作用によって起こされた電離・励起により生じたフリーラジカルが溶質に化学反応を引き起こすことを間接作用という。

3.2.1 電離・励起現象

放射線は，原子や分子に衝突しても放射線自体が方向を変えるだけで相手に何の影響も及ぼさない場合もあるが，ほとんどの場合は原子の最外殻軌道電子を放出して自身の運動エネルギーの一部をこの軌道電子に与える。

軌道電子が原子の外まで放出されてしまう場合を電離といい，束縛を離れた電子は自由電子となる。電気的に中性だった原子はマイナスの電荷を持った軌道電子が失われたため，全体としてプラスの電荷を帯びた原子となる。このように，軌道電子の数が，原子核の陽子数と一致せずプラスあるいはマイナスの電気をイオンという。すなわち，電離の結果イオンが発生する。一方，軌道電子が原子から飛び出さずに外側の軌道に飛び移る場合，原子は電気的に中性のまま「興奮状態」になる。これを励起という（**図 3.4**）。

電離や励起を起こした原子は不安定である。イオン化した原子は近傍の自由電子を捕捉して電気的に中性になろうとする。その場合，陽イオンに捕捉された電子は，まず外側の軌道に入るのでイオンは励起状態になる。励起状態の原子はさらに安定を求めて，内側の空きの軌道に移動しようとする。内側の軌道ほど軌道電子が持つエネルギーは小さいので，電子は余分なエネルギーを光（電

3.2 電離と励起の作用　41

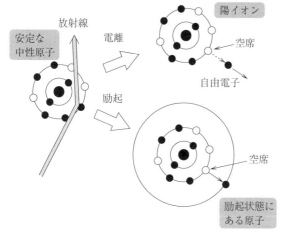

軌道電子が原子の外に放出された場合を電離といい，核の拘束から離れた電子は自由電子となる。原子は陽イオンとなる。軌道電子が原子から飛び出さず，外側の軌道に移行した場合，これを励起という。原子は電気的に中性であるが，興奮状態になる。

図 3.4　放射線による軌道電子の移動

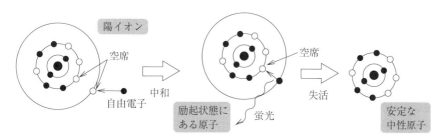

イオン化した原子は不安定な励起状態にあるので，安定した原子に移ろうとする。余分なエネルギーを光（電磁波）の形で放出して中性原子に戻る。

図 3.5　イオン化された原子の安定化

磁波）として放出し，安定軌道に収まって安定化する（**図 3.5**）。

　励起は光，熱，電場，磁場などの影響によって引き起こされるが，電子，陽子，中性子，分子，イオンの入射・衝突によっても起される。例えば，図 3.4 に示した励起は放射線によるものである。入射光によりその一部のエネルギーを付与されて，電子が高いエネルギーを保持できる条件を満たした状態，すなわち励起状態は，光が入射する前の電子のエネルギー状態（基底状態）を基準としている。励起とは基底状態にあった電子が入射光エネルギーの一部（ΔE）

をもらって励起状態になるエネルギー準位の変化を意味している。そのとき入射光から ΔE のエネルギーが減少し，そのエネルギーに相当する分だけ出射光（通過光）の波長は長くなる。これとは逆に，基底状態に戻るときは ΔE のエネルギーに相当する波長の光を放射する（**図3.6**）。

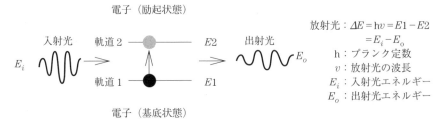

図3.6 励起状態のエネルギー偏移

電子がある軌道から別の軌道へ移ること，あるいは価電子帯の頂上から伝導帯の底へ電子が移ることを電子遍移という。一般に物質がエネルギーを吸収し，あるいは放出して状態が変化することを遍移という。

3.2.2 水分子の不対電子生成

放射線のエネルギーは数多くの原子，分子の電離・励起という状態を形成する。一方，放射線は生体成分の約 80 % を占める水に作用して，水分子の電離を引き起こす。このとき種々の活性酸素が発生する。原子の構造から，通常電子は一つの軌道に 2 個ずつ対をなして収まっているが，原子の種類によっては 1 個しか存在しないことがある。このような不対電子を持つ原子または分子をフリーラジカル（遊離活性基）と定義している。これは活性酸素の一種で「自由な過激分子」という意味である。

軌道電子は軌道で対をなしているときにエネルギーとして最も安定した状態である。そのためにフリーラジカルは一般的には不安定で，他の分子から電子を取って安定になろうとする。まず，不対電子の一般的な例として水素原子，酸素原子を**図3.7**に示す。

3.2 電離と励起の作用　43

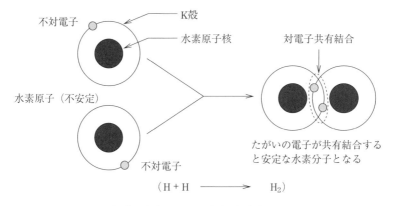

（a） 水素原子の不対電子と水素分子

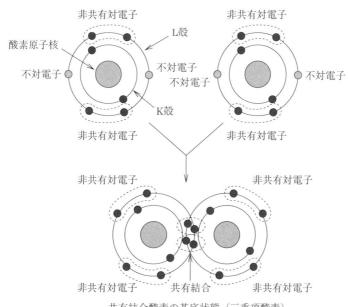

共有結合酸素の基底状態（三重項酸素）

（b） 酸素原子の不対電子と酸素分子

図3.7　不対電子を有する水素原子，酸素原子の例

　図3.7（a）では，不対電子を持った水素原子が対電子共有結合をして安定した水素分子となる。図（b）では，不対電子2個を持った酸素原子は共有結

合して酸素分子になる。酸素Oは原子番号8の陽子が8個あるので電子も8個である。電子は軌道K殻に2個，6個がL殻に配置されるが，L殻は本来8個で安定となるので，Oは2個電子が不足している。そこで二つの酸素原子が共有電子結合して酸素分子O_2となる。

ともに不対電子のある水素分子H_2と酸素Oが結合して**図3.8**（a）に示すように水分子を構成する。この構成の水に放射線を照射すると電離が行われ，図（b）にみるように活性酸素・OH（ヒドロキシラジカル）と水素原子（水素ラジカル）に分離される。

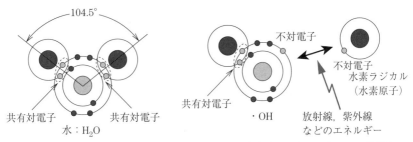

(a) 水分子の構成　　　　　　　(b) 水の電離

図3.8 水の構成と電離（フリーラジカル）の生成

3.2.3　直接作用と間接作用

細胞の原子が放射線のエネルギーによって電離・励起され，または放射線と原子の相互作用の結果生じた二次電子が細胞の電離・励起を引き起こし，生物学的変化をもたらす。この変化をもたらす現象を放射線の直接作用という。

放射線が主成分である水分子と作用して活性酸素を発生させる現象は図3.8で見てきたとおりである。活性酸素（フリーラジカル）が他の生体高分子に到達して細胞構造を変える。これが放射線の間接作用である（**図3.9**）。

3.2 電離と励起の作用　45

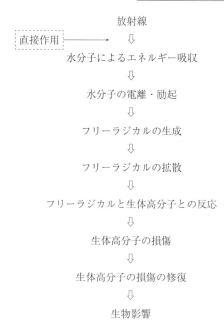

図 3.9 放射線の間接作用の化学的・物理的経過

　放射線エネルギーの細胞への直接作用あるいは間接作用のいずれも元は電離・励起に起因している。電離・励起により発生するフリーラジカルは他の原子や分子と反応して相手から電子を奪い，相手の物質を酸化する力が強い分子である。この酸化作用でDNA，タンパク質，脂質などの細胞や組織に障害を与える。DNA鎖が切断されるとか，遺伝情報である塩基が離脱・分離するとかの変化をもたらし，さらには，DNAの酸化障害の蓄積ががんや老化の要因につながることが懸念される。

4

放射線の細胞破壊

4.1 DNA の 損 傷

　放射線による生物の影響のうち最も大きいのが細胞内DNAへの損傷である。DNAは生体活動の基本となる遺伝子配列を含んでおり，放射線によってDNAの損傷が起こると遺伝子の正常な役割を阻害され細胞は死に至るか，あるいは突然変異が蓄積し，がん化の原因になる。

　DNAは五炭糖とリン酸がポリヌクレオチド結合した骨格部分と，遺伝情報を担う塩基からなる糸状の長い分子で，構成要素のどれが損傷されたかによって塩基損傷とDNA鎖切断とに分けられる。

4.1.1 塩 基 損 傷

　塩基損傷は活性酸素や化学薬剤などで化学反応を起こし，傷として残ることをさす。放射線を1 Gy被ばくすると細胞1個当り塩基1 000個の損傷が生じるといわれる。低LET放射線では直接作用より間接作用の影響が大きい。間接作用の主役は水分子から生成されるフリーラジカル・OHで，損傷を作る作用力が強い。

　ピリミジン（チミンとシトシン）あるいはプリン（アデニンとグアニン）のいずれの塩基もフリーラジカルの作用を受け，化学的に変化して塩基損傷となる。例えば，チミン塩基にラジカルが作用すると二つの炭素原子の間の二重結

4.1 DNA の損傷

合が失われてチミングリコールという損傷を作る。塩基損傷例を**図 4.1**に示す。いずれも図 1.3（a）の構造と異なっていることがわかる。

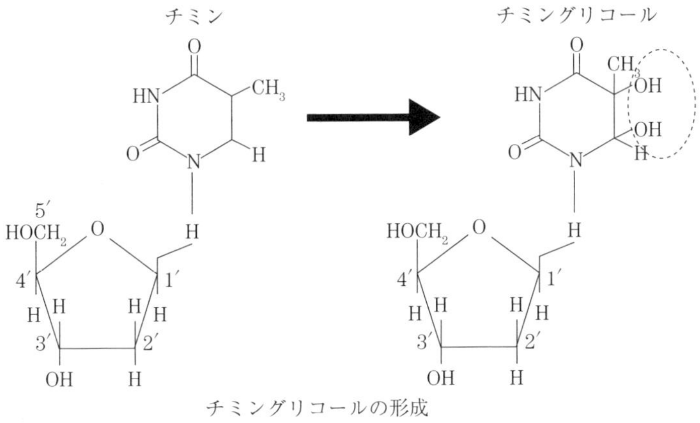

図 4.1 塩基の損傷（チミン損傷例）

塩基が糖-リン酸の鎖からはずれた場合（例えば，五炭糖 1′ 端子-アデニン 9 端子をつないでいる N-グリコシド結合部が損傷してアデニンがなくなる）は，塩基が抜けて，その部位（AP 部位，apyrimidinic site）が空位になる。これを塩基の遊離といい，一種の塩基損傷である（**図 4.2**）。AP 部位を修復する専用の酵素 AP エンドヌクレアーゼ（APE1）が生体に存在する。APE1 の存在は放射線以外にも通常の細胞内代謝で大量の AP 部位が発生し修復されなければならないことを示している。

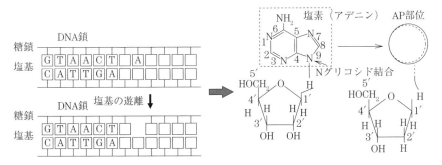

図 4.2 塩基の遊離（AP 部位の生成）

48　　4. 放射線の細胞破壊

4.1.2 DNA 鎖 切 断

　DNA鎖の骨格である糖-リン酸基が障害されるとDNA鎖が切断される。す
なわち，ポリヌクレオチド結合を中心とした部位の結合に損傷を起こし障害を
与える。DNA二重らせん構造の片方だけが切れる1本鎖切断と，両方が切れ
る2本鎖切断がある。二つの1本鎖切断が3塩基以内の距離で近傍して起こ
ると2本鎖切断になるといわれているが，さらに大きなエネルギーが局所的に
与えられると直接に2本切断ができる場合がある。

　放射線によるDNA鎖切断は，1本鎖切断の発生数が2本鎖切断発生数より
ずっと多くなる。しかし，1本鎖切断では，修復される割合が非常に大きいた
めに，1本鎖切断と2本鎖切断のそれぞれの未修復の数を比較すると，両者間
にあまり大きな変化は見られない。γ線とα線は同じ放射線量（Gy）で評価さ
れていないが，高LET放射線では2本鎖切断の割合が増えるだけでなく修復
されにくい2本鎖切断の比率が高くなっている。

4.1.3 紫外線による損傷

　DNA損傷には紫外線や化学物質による損傷，自然状態での損傷などがある。
紫外線損傷はDNA上の隣どうしの塩基が結合して，例えば，チミンあるいは
シトシンがピリミジン二量体となる共有結合を形成して，損傷を発生する。紫
外線エネルギーが低いので障害の原因となる損傷の種類が少なく，塩基二量体
を対象にした研究などが進めやすく，損傷の仕組みを理解するうえで重要な手
本となりうる。

　このほかにも，自然状態で形成される損傷がある。脱塩基，脱アミノ化，メ
チル化，酸化の四つの要因が挙げられる。これらの損傷の大半は修復される。

4.2　DNA の 修 復

　放射線，紫外線，有害な化学物質などDNAに損傷を与える環境で生活してい
る生物にとって，細胞の中では自然状態でも多くの損傷が生じている。一方，

4.2 DNA の 修 復 49

生物にはこれらの DNA 損傷を効率よく修復する機構が備わっているために生存が可能になっている。放射線を受けて細胞が死んだり突然変異を起こしたりするのは，こうした修復系で治しきれなかったり正しく修復されなかったりしたわずかな量の損傷が残った結果と考えられる。

4.2.1 塩基系の修復

塩基損傷の修復には，DNA を切らずに損傷を直接に修復してしまう機構と，損傷部分を切りだし除くことで修復する除去修復がある。除去修復には損傷した塩基だけを切り出す塩基除去法と，その塩基を含めたもっと大きい部分を切り出してから抜けた部分の DNA を合成しなおすヌクレオチド除去法がある。

DNA を切らずに行う修復法の代表的なものに光回復がある。ピリミジン二量体に光回復酵素が結合し，そこに可視光線を当て，そのエネルギーで二量体を開裂して元に戻す方法である。しかし，これは光を利用した効率的な方法であるがヒトやマウスはこの機構は持っていない。

塩基除去修復は，損傷を持った塩基と糖の間の N-グリコシド結合を酵素 DNA グリコシラーゼで切断することによってまず損傷した塩基を取り除き，つぎに塩基のなくなった AT 部位を取り除き，DNA ポリメラーゼで空白になった部分に正しいヌクレオチドを入れるというものである。すなわち，DNA ポリメラーゼや DNA リガーゼなどの酵素を使って再合成する方法である（**図 4.3**）。損傷の種類に応じて，それぞれ別々の DNA グリコシラーゼが存在し，例えばチミングリコール DNA グリコシラーゼ，ヒドロキシルメチルウラシル DNA グリコシラーゼ，ピリミジン二量体 DNA グリコシラーゼなどがある。

塩基損傷の修復には，塩基除去修復のほかにヌクレオチド除去修復がある。この方法は損傷した塩基を含む広い領域を大きく取り去り，取り除かれた部分を DNA ポリメラーゼや DNA リガーゼなどの酵素を使って合成しなおして元に戻す。まず，ピリミジン二量体が発生した部位をエンドヌクレアーゼ酵素複合体が検出し，1 本のヌクレオチド鎖の損傷部位前後に大きく切りこみを入れ，その部の 1 本鎖を取り除く。つぎに DNA ポリメラーゼで修復用の DNA を合

50   4. 放射線の細胞破壊

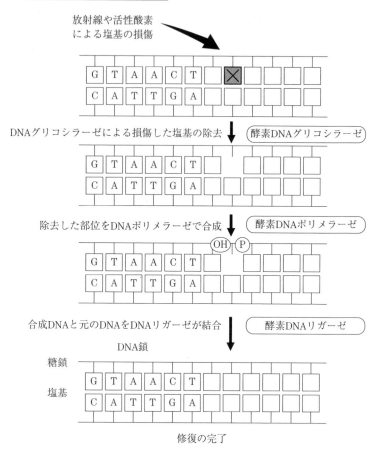

図 4.3 塩基除去修復の手順〔文献 8) p.194 図 2 を改変転載〕

成し，DNA リガーゼによって結合し修復を完了する。この一連の操作は酵素が主体的に行う。

4.2.2 DNA 鎖切断の修復

放射線でできる DNA 鎖切断の中で細胞の障害に密接な関係があるのは DNA 2 本鎖切断である。2 本鎖切断の修復には相同組換え修復と非相同組換え修復がある。相同組換えによる DNA 切断修復は，まずタンパク質複合体(MRN)が切断部に集積し，修復に必要なさまざまなタンパク質を誘引するという修復

開始の役割を果たす。つぎに修復部に二量体を作成したタンパク質リン酸化酵素（ATM）が集まってきて自身を酸化させる。この酸化により切断を修復する生化学反応が始まり，修復が完成するまで細胞分裂は一時停止する。1本鎖に単鎖DNA結合タンパク質（RPA）が結合してDNAタンパク質間のフィラメント形成を行い，つぎにチェックポイントタンパク質が参加してDNA修復を促進する。この反応はDNA交差部を形成するホリディ機構内で行われる。近傍にある無傷な相同DNAを鋳型としてDNAポリメラーゼ（DNA鎖を合成する酵素）が新たなDNAを合成する。この過程を模式的に**図4.4**に示す。

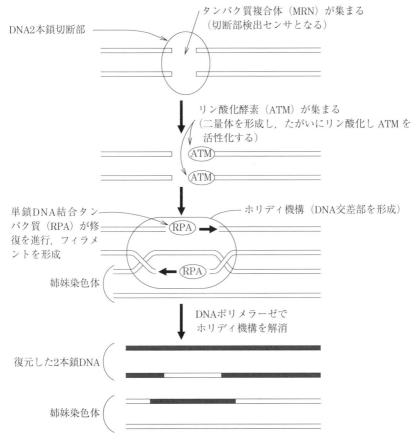

図4.4 DNA2本鎖切断の修復過程の模型図（文献8）p.201図3を改変転載）

52   4. 放射線の細胞破壊

非相同組換え修復は，相同部分の DNA 鋳型を借りることなく，切断部分を直接つなぎ合わせる方法である。DNA 依存性タンパクリン酸化酵素と複合体を作って 2 本鎖切断修復を行うタンパク質（Ku）が切断端を直接に再結合する方法である。この修復系は，相同な DNA なしで行える代わりに，修復の際の誤りも多いとされる。

4.3 増殖死と間期死

培養細胞に放射線を照射して，細胞の様子を継時的に観察すると，多くの細胞は分裂遅延をしながらも照射後 1 回から数回は細胞分裂をし，以後の分裂をやめてしまう。そして死細胞となる。このように，何回か細胞分裂したあとで死に至る細胞の死の方法（細胞周期 M 期の死亡の方法）を増殖死あるいは分裂死という。これに対して，照射後一度も細胞分裂せずに死ぬことを，分裂間期の間（細胞周期では M 期以外の周期，G_1，S，G_2 期）に死ぬという意味で間期死という。

4.3.1 細胞分裂の回数と細胞死の関係

放射線の致死効果を評価する方法として増殖能を定量化するコロニー形成法がある。個々の細胞が娘細胞（クローン）を増殖してコロニー（細胞集落）を形成したとき，放射線照射法による細胞の生存率を評価する。被ばく線量によってコロニー形成能を失い，増殖死につながる。

増殖死（分裂死）の死因は，放射線によって傷ついた染色体を抱えたまま M 期に入ることで生じた染色体の異常であり，染色体の一部が欠落した細胞は，細胞の生存に必要な遺伝子を欠くことで生存不能に陥っていくものとみられる。細胞周期において M 期の細胞が最も放射線感受性が高いのは，放射線によって生じた傷を治して分裂死を防ぐ時間的余裕が他の期に比べて少ないからである。ヒトの細胞周期はおおむね 20 〜 24 時間で 1 周するが，M 期は約 1 時間といわれる。そこで，このような状態に陥ることを防ぐための仕組みとし

て，照射によって傷付いた細胞が M 期に入らないよう，周期のいずれかで停止，または細胞周期の進行を遅らせる分裂遅延状態にする機構を細胞が持っている。この分裂遅延は単なる受動的な反応ではなく，細胞が放射線損傷を修復する時間をかせぐために積極的に細胞周期の進行を停止する機能に基づいている。

間期死は，終末分化して分裂していない細胞が数 10 Gy の大量被ばくによって機能を停止する低感受性間期死と，リンパ球や生殖細胞，神経細胞のように分化が完了した細胞などの高感受性間期死に分類される。分裂機能を失った細胞が放射線で死亡する場合も間期死であり，大線量の放射線が必要になる。

コロニーを形成した細胞が数日間に 9 ～ 10 回も分裂した細胞もあるが，分裂後の娘細胞がすべて生存したわけではない。数回分裂後にアポトーシスで死滅する細胞や，これ以上分裂ができなくなる細胞老化現象で機能停止する細胞がある。

4.3.2 細胞周期と放射線感受性

細胞分裂する M 期は細胞が活発に活動しているときなので放射線の影響を受けやすい周期である。したがって M 期は放射線感受性が高く，放射線治療を行う時期として治療効果が得られやすい周期ともいえる。細胞周期と放射線感受性の関係を**表 4.1** に示す。細胞分裂頻度と放射線感受性の関係を具体的に見てみると，分裂頻度が高くて感受性が高い組織としてリンパ組織，骨髄，

表 4.1 細胞周期と放射線感受性

細胞周期	放射線感受性
M_1 期	最も高感受性
G_1 期前半	低下
G_1 期後半/S 期初期	再び上昇
S 期後半	低下
G_2/M 期	高感受性
G_0 期	低い（抗がん剤などに対しても反応が悪い）

54 4. 放射線の細胞破壊

睾丸精上皮，卵胞上皮，腸上皮などが列挙され，分裂頻度がより高くて感受性も高度な組織として咽頭口腔上皮，皮脂腺上皮，食道上皮，尿管上皮などの多くの上皮が挙げられる。分裂頻度も感受性もともに低い組織として骨細胞，肺，腎臓，膵臓，甲状腺などの上皮が多く挙げられ，細胞分裂がみられず感受性も低い組織として神経細胞や筋肉組織が例示される。

4.3.3 細胞周期チェックポイント

細胞周期チェックポイントは，細胞が正しく細胞周期を進行させているかどうかを監視し，異常や不具合がある場合には細胞周期進行を停止させる制御機構のことである。細胞自体がこの制御機構を備えている。1回の細胞分裂の周期の中に，複数のチェックポイントが存在することで知られており，G_1/S 期チェックポイント，S 期チェックポイント，G_2/M 期チェックポイント，M 期チェックポイントの四つが比較的よく解析されている。細胞に X 線を照射して DNA に損傷が起きると遺伝子異常が発生し，それを検知して細胞周期を一旦停止することが発見され，この遺伝子異常を監視し細胞周期を止める機構を細胞周期チェックポイントと名付けられた。

細胞周期チェックポイントは

・DNA に損傷がないか（DNA 損傷チェック）

・DNA 複製が正常に行われているか（DNA 複製チェック）

・有糸分裂中に，複製された染色体の分裂が正しく行われるか〔スピンドル（微小管）チェック〕

などを監視しており，これらに異常が検知されると，チェックポイント制御因子と呼ばれる複数の分子群が活性化されて，細胞周期の進行を遅らせ，停止させる。

チェックポイント制御因子が活性化されると，その異常の原因が取り除かれるまで，細胞周期が停止した状態になる。そして異常が完全に取り除かれたと検知された時点で，チェックポイントの働きが可逆的に解除され，再び細胞周期が進行する。このように細胞周期チェックポイントは，細胞分裂の過程で異

常が生じた場合に，細胞周期を一旦停止させて異常を取り除くことで遺伝子異常が子孫に伝わらないようにする役割を果たしている．一方，重度のDNA損傷の場合などDNA修復機構でも完全な修復ができない場合にチェックポイント活性化に続いて，その細胞がアポトーシスを起こして死滅することも明らかになっている．この機構は，遺伝子異常を起こした細胞が自滅することで，異常細胞を後世に残さないようにする役割を果たしている．

チェックポイント機能に異常が起こると，内因性，外因性のDNA損傷によって，正常な娘細胞を作れなくなる場合が多くなる．例えば，チェックポイント機能の不良により生存に必修な遺伝子に損傷が起きた場合，その細胞は娘細胞を残せずにやがて死滅する．したがって，チェックポイント機能の異常は情報の正確な伝達において大きな不具合を持つことを意味しており，生物にとって重大な脅威になる．

細胞周期チェックポイントはそれぞれのステージからつぎのステージに移る際に活性化する．つぎのステップへ移行する際に細胞内に異常がないかのチェックが行われる．これが細胞チェックポイントの大きな役割である．細胞周期チェックポイントの種類とその位置を模式的に図 4.5 に示す．

G_1/S 期チェックポイントでは，G_1 期 DNA に損傷がないこと，これからの

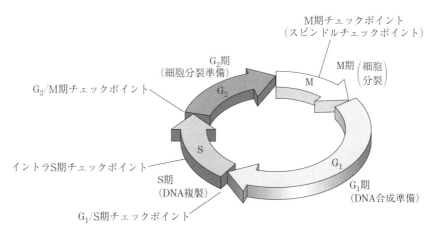

図 4.5　細胞周期チェックポイントの概念

56　　4.　放射線の細胞破壊

DNA 複製のためのヌクレオチドなどが十分であることや細胞の大きさが
チェックされる。また多細胞生物では，増殖が許されているか，増殖が必要な
細胞であるかなどをチェックする。この制御が DNA 損傷などで活性化する S
期開始，すなわち DNA 複製が阻害され，細胞は G_1 に留まる。酵母などで環
境条件がよくない場合，または多細胞生物において細胞分裂が適当でない場合，
G_1 期停止が長く続くと G_0 期という休眠状態に入ることもある。G_0 期ではタン
パク質合成が抑制され，細胞周期の進行に関わるタンパク質が一部分解される。

　S 期チェックポイントは，S 期の DNA 複製の速さを制御し，DNA 複製に不
具合が検知された場合に複製を遅らせる機構である。DNA 損傷ではヒトの
ATM タンパク質はこの制御に関与しているといわれる。

　G_2/M 期チェックポイントは，G_2 期から M 期に移行する際のチェックポイ
ントである。この制御が DNA 損傷などで活性化すると M 期開始が阻害され，
細胞は G_2 期に留まる。

　M 期（有糸分裂期）チェックポイントは，M 期の途中にあるチェックポイ
ントで，スピンドル（微小管）チェックが行われる。M 期の細胞では，G_2 期
までのステップで複製された対をなす染色分体が，たがいにセントロメア付近
でコヒーシン複合体に架橋結合し，また，このコヒーシンを切断するタンパク
分解酵素セパラーゼがセキュリンと結合することで不活性化された状態で存在
する。有糸分裂過程のつぎのステップとして，細胞の両端から伸びる紡錘糸（微
小管）が，それぞれの染色分体のキネトコア（セントロメアの一部）に結合す
る。一対の染色体が対称になるよう，正しくかつ同時に，紡錘糸を介して細胞
の両端に結合しているかどうかをチェックされる。

　細胞周期において重要な出来事（イベント）は S 期の DNA 複製と M 期の細
胞分裂であるため，G_1 期や G_2 期に損傷を受けた場合，S 期や M 期に移る前に
修復を完了させなければならない。しかし，S 期や M 期に損傷を受けた場合は，
その場で修復やチェックをしなければ細胞は死んでしまうか，突然変異が残っ
てしまう。そこで S/M_2 期チェックポイントではなくイントラ S 期チェックポ
イントと M 期チェックポイント（スピンドル（微小管）チェックポイント）

4.4 突 然 変 異　　57

が活性化する。M 期は微小管が染色体を分配する中心的な役割を担っており，このチェックポイントは正確な分配を行うために重要である。

4.4　突　然　変　異

突然変異は，さまざまな化学物質，ウイルス，放射線によって引き起こされ，遺伝子突然変異と染色体突然変異（染色体異常）に分けられる。遺伝子突然変異も染色体突然変異も，その原因が DNA 塩基配列の変化であるという点では同じである。体細胞に突然変異が起こり，その細胞が分裂すると突然変異は二つの娘細胞に伝えられるが，その人の子にまでは伝わらない。これに対して，生殖細胞に突然変異が起こると，その人自身に直接の影響はなくとも子供に影響が出てくる。体細胞突然変異の結果起こる障害の代表例ががんであり，身体的影響である。生殖細胞突然変異の結果起こる影響の代表例が遺伝的影響である。

4.4.1　遺伝子突然変異

放射線によって DNA には塩基損傷，一本鎖切断，二本鎖切断などさまざまな損傷が起きるが，損傷後に修復，複製が行われる。修復過程で修復が不十分な場合は DNA に変異が生じ，遺伝子突然変異が発生する。

遺伝子突然変異は，塩基が正常のもの以外に置換する塩基置換変異，一塩基対以上のヌクレオチドが欠失する欠失変異，一塩基対以上のヌクレオチドが挿入されることで起こる挿入変異の三つがある。

タンパク質は DNA の塩基配列をもとに合成されるので，遺伝子突然変異の種類によりタンパク質合成に影響が出る。その影響の現れ方から分類すると，ミスセンス変異（本来規定されるアミノ酸が別のアミノ酸に変わり，まったく別のタンパク質を合成），ナンセンス変異（塩基置換により本来のコドンが終止コドンに変化し，タンパク質の合成を停止），サイレント変異（塩基置換は発生するが，本来規定されるアミノ酸が別のアミノ酸に変わらず，合成される

タンパク質は無変化），フレームシフト変異（塩基の欠失や挿入により本来の塩基配列がずれを起こしてコドンの読み枠が変化し，アミノ酸およびタンパク質ともに変化）の四つに分類される。

4.4.2　染色体異常（染色体突然変異）

　細胞が細胞周期のM期に入ると，クロマチンが凝縮して中期染色体の形になり，光学顕微鏡で観察できる。しかし，実際に実験に使うことができる細胞は限られている。ヒトの末梢血液中のリンパ球を特定の薬剤（フィトヘマグルチニン）で処理すると，細胞分裂を人為的に誘発させることができるので，比較的たやすく染色体を観察することが可能である。放射線による染色体異常という場合には，末梢血リンパ球の染色体異常を指すことが多い。リンパ球の染色体異常はつぎの2点で便利である。一つ目は，放射線被ばくした人から採取した血液のリンパ球の染色体異常の頻度から，被ばく線量を推定できる。二つ目は，被ばくしていない健常人の血液から，放射線を照射して得られる染色体異常数を計測して，線量と効果の関係を取得することができる。

　染色体の異常には染色体の数の異常と形の異常がある。数の異常には異数性（染色体が1本多くなった状態：トリソミー，1本少なくなった状態：モノソミー），倍数性，モザイクがあるが，これらは受精時の体細胞分裂の異常によるもので，放射線照射ではほとんど起こらない。

　染色体異常で形の異常には二つあり，DNAが複製するS期を境にして，これより以前のG_1期あるいはG_0期に放射線照射を受けると染色体型異常が起こり，G_2期に照射を受けると染色分体型異常が起こる。放射線によるリンパ球の染色体異常を考えてみると，照射を受ける時点でリンパ球は複製前のG_0期にあるから，現れる染色体異常は原則として染色体型異常である。

　染色体型異常の特徴は，複製前に起こった染色体切断や再結合がS期の間に複製されるため，2本の姉妹染色分体の対応する同じ位置で，切断や再結合が起こっていることである。**図4.6**に染色体の模型を示し，これをもとに切断や再結合の数例を**図4.7**に示す。

4.4 突然変異

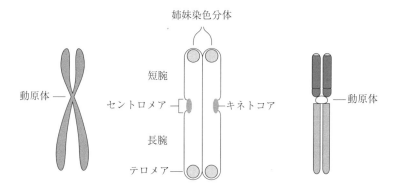

(a) X字状の染色体　　(b) 分裂期の染色体　　(c) 対になる2本の染色体

図4.6 染色体の模型図

〔1〕 欠　　　失

染色体の一部に切断が起こり末端部が消失する場合（端部欠失）と，2か所で切断が起こり中間部が消失する場合（中間部欠失）がある。消失した部分の遺伝子は不足することになる（図4.7（a），（b））。

〔2〕 環状染色体

長腕，短腕にそれぞれ切断が起こり，末端部の断片は消失し，動原体を含む断片どうしが再結合して環状になる（図（c））。

〔3〕 相互転座

異なる染色体の間に切断が起こり，断片を交換して再結合する。遺伝子量は変わらないので表現型に異常は起こらない。このような個体は減数分裂のときに配偶子に不均衡が生ずることがある（図（d））。

〔4〕 逆　　　位

2か所で切断が起こり，断片が逆転して再結合する。同一の腕内で生じる腕内逆位と，動原体をはさんで起こる腕間逆位がある。これらは遺伝子数に変更がないので表現型に異常はないが，減数分裂のときに配偶子に不均衡が生ずることがある（図（e））。

60　　4. 放射線の細胞破壊

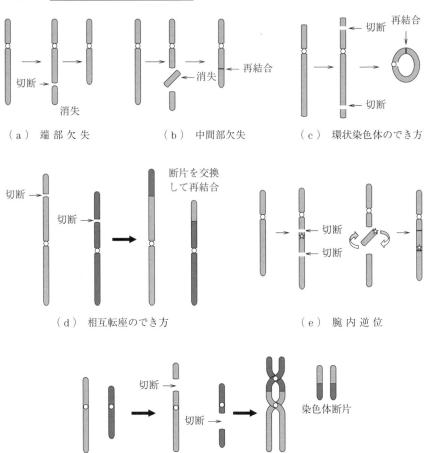

（a）端部欠失　　　（b）中間部欠失　　　（c）環状染色体のでき方

（d）相互転座のでき方　　　（e）腕内逆位

（f）二動原染色体のでき方

腕部の切断と再結合・動原体移動の再結合の例

図 4.7　放射線による染色体異常の作られ方

〔5〕 二動原体染色体

染色体が二重鎖切断されたとき，近くに切断された染色体がもう1本あると，修復に際して再結合させる相手が複数あるため誤った接続が行われる。このような場合に2本の染色体の間で再結合が起こると二動原体染色体ができる（図（f））。この結合は，複製されたDNAが正常に分配されにくいため，遺伝情

報の過不足により死亡する。

二動原体染色体を持つと，細胞分裂そのものが阻害され，染色体断片部の遺伝情報を失うために細胞は死亡する。これに対して転座を持つ細胞では，細胞分裂は支障なく起こり，生存率にも影響がない。環状染色体と逆位との間にも同様な関係が成り立つ。二動原体染色体や環状染色体のように細胞分裂を起こすと細胞が死んでしまうような異常を不安定型異常，転座や逆位のように生存への影響の少ない異常を安定型異常という。

二動原体染色体と環状染色体の計数で被ばく線量を推定する。二動原体染色体が発生する頻度は，放射線の被ばく量に伴って増加し，頻度と被ばく量は一定の相関関係があるといわれる。そのため，人体に強い放射線が当たるような被ばく事故があった際に，白血球を調べ，二動原体染色体の頻度から逆に被ばくした放射線の量を推定することが行われる。不安定型異常が被ばくからの経過年月により減少するが，安定型異常は失われずに残る。そこで，被ばくしてから長期間を経た人から採血して染色体を調べ，当時の被ばく線量を推定するには安定型異常のほうが適している。

リンパ球は体細胞であるから，リンパ球の染色体異常がつぎの世代に伝わることはない。例えば，白血病をはじめとする多くの血液疾患において染色体異常を認めるが，これらは後天的な変化であり遺伝はしない。あくまで異常血液細胞（がん細胞）に限局して生じた染色体異常であり，他の組織の体細胞にこれらの異常はみられない。

これに対して生殖細胞に染色体異常が起こり，これが子の世代に伝わると染色体異常を持つ個体が生まれる。ヒトの先天性異常では，このような染色体異常が原因になっている場合が比較的多い。

4.5　生存率曲線

放射線の量子性に着目して，放射線量と細胞死の相互関係を解明する主旨でヒット理論および標的理論が展開された。当然，細胞の生死にかかわる放射線

62   4. 放射線の細胞破壊

の感受性の研究に寄与している。

　ヒット理論や標的理論においては，「細胞内には細胞の生存に重要で，かつ放射線感受性の高い場所，すなわち標的があり，この標的を放射線がヒットする（電離などにより損傷を形成する）と細胞死が起こる」と考える。また，ヒットがたがいに独立しており，ヒットの確率が低いのでポアソン（Poisson）分布をする。

4.5.1　ヒ ッ ト 理 論

　ある線量Dの放射線によって標的に平均m個のヒットが生じたとする。ある標的には少しのヒット，他の標的には多くのヒットが生じた場合，ヒット数にばらつきが生ずるので平均で評価するという考えである。このばらつきはポアソン分布による。

　ポアソン分布では，平均m個のヒットが生じる場合に，実際に標的にk個のヒットが生じる確率を次式で与える。

$$P(k) = \frac{e^{-m}m^k}{k!} \tag{4.1}$$

ヒット理論には，標的数とヒット数の組合せによるが，多くは1標的1ヒットモデルと多重標的1ヒットモデルが用いられている。

〔1〕　1標的1ヒットモデル

　細胞内には標的が一つしかなく，その標的にヒットを一つでも受けたら細胞が死ぬと仮定した場合，生存率Sはヒットのない確率で与えられるので，細胞がヒットを受けない確率$P(0)$となり

$$S = P(0) = e^{-m} \qquad (k=0 なので m^0 = 1, \ k! = 1 となる)$$

標的に生じるヒット数の平均値mは線量Dに比例するため

$$m = cD \qquad (c：比例定数)$$

となり，よって

$$S = e^{-cD} \tag{4.2}$$

となる。

標的に平均一つのヒットが生じる線量をD_0とし，これを平均致死線量と呼ぶ．ある線量Dを照射するとヒットは平均いくつになるかはD/D_0で表せる．すなわち，$m = D/D_0$となるので，生存率Sは

$$S = e^{-D/D_0} \quad （対数をとると \ln S = -D/D_0） \tag{4.3}$$

SとDの関係を数学的にグラフで表現すると図**4.8**（a）になる．$D = D_0$で$S = e^{-1}$，線量DがD_0であればSは0.37になる（e＝自然対数の底であるから，$S = e^{-1} = 1/e = 1/0.2718 ≒ 0.37$）．線量が$D_0$のとき生存率は37％になる．$D = 0$のとき$S = e^{-0} = 1$であるから$S = 1$となり数式上同図のグラフが描ける．$D_0$は細胞の放射線感受性を表すのに便利である．感受性はD_0が小さければ高い．

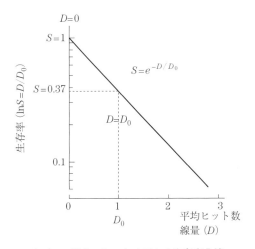

（a）1標的1ヒットモデルの生存率曲線　　（b）多重標的1ヒットモデルの生存率曲線

図**4.8**　ヒット理論による生存率曲線（文献7）p.68 図4.2，4.3を転載）

〔2〕　**多重標的1ヒットモデル**

細胞内にn個の標的があり，すべてがヒットされなければ細胞死は起こらないと設定するモデルである．一つの標的が生き残る確率は前式のSであるので，ヒットされる確率は$(1 - e^{-D/D_0})$である．n個の標的すべてにヒットす

64   4. 放射線の細胞破壊

る確率は

$$S = 1 - (1 - e^{-D/D_0})^n \doteqdot 1 - (1 - ne^{-D/D_0}) = ne^{-D/D_0} \tag{4.4}$$

となる。この式は $D \gg D_0$，つまり高線量域では近似的に，$S = ne^{-D/D_0}$ となり，数学的に片対数グラフで勾配が $1/D_0$ の直線になる（図4.8（b））。多重標的1ヒット型の生存率曲線は縦軸との交点が n となり，傾きが $-1/D_0$ の直線となる。この場合，$D = 0$ で $S = ne^{-0} = n$ となるので交点は n である。

　実際の細胞は修復能力が関与するため，低線量域ではなだらかに低下する曲線（曲率変化部位）となる。この傾斜直線が生存率 $= 1$ の直線と交わる点の線量を D_q で表す。D_q はしきい値と呼ばれる。n，D_0，D_q の間には $\ln n = D_q/D_0$ の関係があり，どれか二つが決まれば残り一つは自動的に決まる。

4.5.2　生存率曲線と LQ モデル

　細胞死を引き起こす標的の実態は DNA の2本鎖切断である。そこで標的が DNA の2本鎖であることを考慮したのが直線-2次曲線モデル（LQ モデル，linear quadratic model）である。

　図4.9 のように DNA2 本鎖切断が1本の放射線により起こるもの（1飛跡事象）と2本の放射線により起こるもの（2飛跡事象）がある。1本の放射線による2本鎖切断は線量に比例（αD）し，2本の放射線による2本鎖切断は線量の2乗に比例（βD^2）する。したがって，線量 D が照射されたときの細胞生存率 S は次式になる。

$$S = e^{-(\alpha D + \beta D^2)} \qquad (\alpha，\beta は比例定数) \tag{4.5}$$

比例定数である α と β の比，α/β は1飛跡事象による細胞死と2飛跡事象による細胞死が等しくなる線量であるため，$\alpha D = \beta D^2$ となり，$D = \alpha/\beta$ となる。

　細胞・組織・障害の種類によって α/β の値はさまざまで，グラフの形状も変化する（**図4.10**）。腫瘍組織の生存率曲線は $D = \alpha/\beta$ 値近傍の曲率が大きく，晩期反応組織の生存率曲線は小さい。この違いを利用して，低線量の分割照射を行い，晩期反応組織の障害を低減することが可能となる。

4.5 生存率曲線

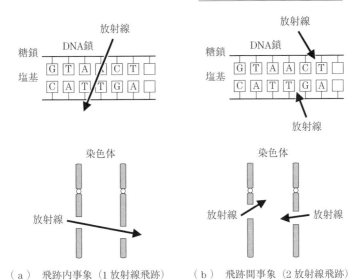

（a） 飛跡内事象（1放射線飛跡）　　（b） 飛跡間事象（2放射線飛跡）

図 4.9 放射線の飛跡内事象と飛跡間事象による損傷の生成

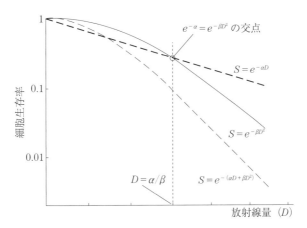

飛跡内事象による細胞死と飛跡外事象による細胞死が等しくなる線量 $D = \alpha/\beta$ によって曲線の形が異なる。

図 4.10 LQモデルでの細胞生存率曲線

66   4. 放射線の細胞破壊

4.6 亜致死損傷回復と潜在的致死損傷回復

放射線照射を受けた細胞に生じる損傷の種類は，細胞自身の回復能力では治すことができない致死的損傷（lethal damage，LD）と，致死的でない状態にまで治すことのできる回復性損傷とに分けることができる。回復性損傷はさらに亜致死損傷（sublethal damage，SLD）と潜在的致死損傷（potentially lethal damage，PLD）の2種類に分類される。

細胞は損傷しても回復する能力を持っている。この回復現象は亜致死損傷回復（sublethal damage recovery，SLDR）と潜在的致死損傷回復（potentially lethal recovery，PLDR）の二つである。回復は細胞レベルでの「生存率の低下，突然変異率の上昇など」の障害が軽減される現象をさす。なお，修復はDNA切断などの損傷が分子のレベルで治される過程をさす。

4.6.1 亜致死損傷回復（SLDR）

細胞にある線量（D_1）照射したあと，間隔をおいて2回目の追加照射（線量 D_2）を行う方法を2分割照射法という。がん治療は多分割照射法を用いるので，分割照射による細胞の障害からの回復は臨床的に重要である。がん細胞は細胞周期M期での分裂活動が活発なので，大量の放射線量の照射でがん細胞の消滅を図るが，同時に周囲の正常細胞に大きな損傷を与えるので分割照射が有効である。

線量 D の1回急性照射を受けた細胞の生存率に比べて，総線量（$D = D_1 + D_2$）が同じ2分割照射（1回目 D_1，2回目 D_2）を受けた細胞の生存率は高くなる。2分割照射によって生存率が上昇する現象をSLDR（SLD回復）という。SLDは，1回目の照射でできた損傷のうち，その時点で細胞を死に至らしめるものでなく，2回目の照射までの間にその一部または全部が修復されるようになる損傷のことである。損傷過程で生じた機能の回復をする現象の一つとしてSLDRが考えられている。総線量が同じなら，総損傷量は同じになると考えら

れるが，実際には間隔をあけて分割照射したほうが，残存する損傷は少ない。これは，照射の間隔を置くことにより，その間に損傷の回復（SLDR）が起こり，最初の照射で受けた損傷が回復したためと考えられる。**図 4.11** で見るように，1 回目照射のあとに十分な回復時間を得て，2 回目の照射を受けた場合，生存率曲線のパラメータ n，D_q，D_0 は 1 回照射の場合と同じである。このとき，D_q の大きさ，すなわち生存率曲線の曲率の大きい部分（肩の幅）が SLDR の能力の大きさを表す。1 標的 1 ヒットの生存率曲線の場合には $D_q = 0$ であるので，SLDR はみられない。

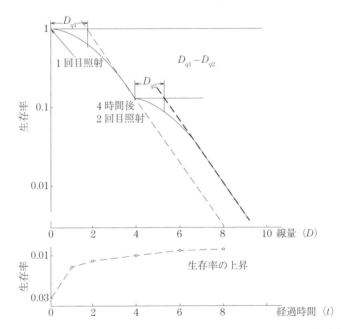

図 4.11 放射線照射時の細胞の SLDR 例（文献 7) p.75 図 4.9 改変転載）

SLDR の機構において多重標的 1 ヒットモデルをもとに考察する。まず，細胞に 4 個の標的があり，1 回目の照射で 4 個の標的すべてがヒットされた細胞は死ぬが，1 個でもヒットされない標的があれば細胞は生き残る（**図 4.12**）。生き残った細胞が 2 回目の追加照射を受けるまでの間に，すべての標的のヒッ

68   4. 放射線の細胞破壊

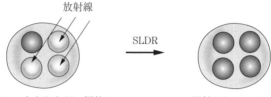

標的三つはヒットされたが，標的の一つ
が残っているため生存し，SLDRによっ
て回復した状態。

照射されていない
ときの状態に回復。

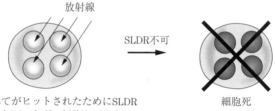

四つすべてがヒットされたためにSLDR
を行うことができず，細胞が死亡する。

細胞死

標的四つのうち，一つでもヒットせずに残れば細胞は死亡せずに回復。

図 4.12 SLDR の構成

トを回復したとすると，2回目の追加照射のときには，これらの細胞はヒットを受けない細胞のように振る舞う。もし，1回目と2回目の間隔をなくして照射したときは，1回目に作られたヒットは修復されないまま残り，2回目の照射によるヒットと一緒になって，すべての標的にヒットができて致死的になる。

　低 LET 放射線は，同線量であれば，高 LET 放射線に比べて細胞に与える損傷は少ない。さらに，SLDR は低線量 LET 放射線のほうが，間隔照射による生存率が大きいので，高 LET 放射線よりもよく利用されている。生存率曲線に曲率が変化する部位のある細胞の場合，十分な照射間隔をとり，1回線量を少なくして分割回数を増加すると，生存率は分割回数に応じて上昇する。この分割照射で得られる生存率曲線は，肩のない指数関数的曲線にかなり近づく。単位時間当りの線量を低くして連続照射する低線量率照射は多分割照射と同等だと考えられる。

4.6.2 潜在的致死損傷回復（PLDR）

ヒット・標的理論において，細胞の標的がすべてヒットされて致死になるはずだった細胞が修復の結果致死でなくなることがある。この現象における潜在的な致死をもたらす損傷をPLDといい，その損傷からの回復をPLDRという（**図 4.13**）。ただし，PLDRが生じるためには，放射線照射後に細胞が分裂・増殖に適さない環境に置かれる必要があると考えられる。照射後の環境により分裂・増殖抑制などが起こり，PLDを修復する時間が与えられると，細胞は死から逃れる。その間に本来致死であるはずの損傷を回復していると考えられる。PLDRを促進しうる条件は，低栄養，低pH，低酸素，生理的塩溶液などの状態に置くことなどである。図中に示す条件下とは，このように低栄養環境下，低pH環境下，低酸素環境下，静止期にある状態など，すべて細胞が分裂・増殖に適さない環境に置かれることが条件となっている。

分子的にみたPLDの実体はDNA2本鎖切断が主であると考えられる。PLD

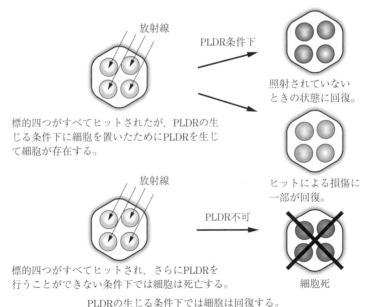

図 4.13 PLDRの構成

は傷の修復に必要な時間によって分類できる。したがって，LDRには速い反応と遅い反応がある。速いPLDRは放射線照射後1時間以内で完了するもので，上記のような細胞分裂・増殖が抑制された環境で起こる。遅いPLDRは放射線照射後6時間前後で完了するもので，不等張液（0.5 mol NaCl生理食塩水）処理によるPLDR抑制実験から見出された反応である。

PLDRとは反対に，通常では修復されるPLDが修復できずに致死的損傷に変わって固定されることである。このPLD固定は，クロマチン凝縮，核マトリックス（タンパク質の網目様の繊維状および顆粒状）構造変化，RNA・DNA合成阻害，修復阻害などによりDNA切断が染色体切断に変化する過程が考えられている。

PLDRの分子機構も不明なことが多い。PLDRは細胞周期のG_1，S期ではほかの周期に比べて大きいとされている。DNA2本鎖切断の程度とその修復がどのようにPLDRに関与するのか，速いPLDRと遅いPLDRとでは関与する修復遺伝子が違うのか，SLDとPLDの実体はなにか，などについては今後の解明を待たなければならない。

4.7　細胞のがん化

正常な細胞は，体や周囲の状況に応じて，増殖したり増殖を停止したりする。例えば，皮膚の細胞は，けがをすれば増殖して傷口をふさぐが，傷が治れば増殖は停止する。これに対して，がん細胞は，体からの命令を無視して勝手に増殖し続けるので，周囲の大切な組織が崩れたり，本来はがんの塊があるはずがない組織で増殖したりする。

がんとは，異常に増殖して周囲の正常組織を侵害して致命的な影響を及ぼす集団細胞である。腫瘍とは異常増殖する細胞集団をさす広義の概念であり，良性腫瘍と悪性腫瘍の両方が含まれる。辺縁が明瞭で局所でのみゆるやかに成長し，予後のよい腫瘍は良性とされる。一方，辺縁が不明瞭で腫瘍細胞が周辺組織内に組織を破壊しながら成長する腫瘍は悪性という。この悪性腫瘍ががんで

4.7 細胞のがん化　　71

ある。がん細胞の特徴は，増殖の速度が大きいとか，活発に増殖するというだけではない。非常に早く増殖する良性腫瘍もあれば，増殖の遅い悪性腫瘍もある。悪性腫瘍であるがん細胞が人体にとって有害なのは，異常に増殖しながら周囲の正常細胞を浸潤し，血液に乗って人体のいろいろな部位に転移し，そこでさらに周囲の正常組織に浸潤するという過程で全身をむしばむからである。

　急速な発育をして予後が不良なものが悪性腫瘍といえるが，ゆっくりと発育する腫瘍であっても生命維持に重要な臓器では臨床的に悪性となる。例えば，脳腫瘍は硬い頭蓋骨に囲まれた限られた空間にあるため，腫瘍が小さくても周囲の正常脳を圧迫し，機能障害をきたすため生命に危険を及ぼす。

　細胞は，老化やDNAの障害に対して自然に死ぬように制御されている。DNAの障害を修復できない場合は，アポトーシスという細胞の自殺機構が働き，細胞を死なせてがん細胞の発生を防ぐ。この修復機構に関係する遺伝子に異常が起こり，正常に機能しないと，死ぬべき細胞が異常増殖を始め，がん化することになる。

4.7.1　多段階発がん

　がん細胞は，正常な細胞の遺伝子に2個から10個程度の損傷ができることにより発生するといわれている。これらの遺伝子の損傷は一度に誘発されるわけではなく，長い間に徐々に誘発される。正常な状態からがんに向かってだんだんと進むことから，多段階発がんといわれている。多段階発がんの過程を模式的に図4.14に示す。DNAの塩基配列の変化により突然変異となる遺伝子の種類として，細胞を増殖促進させる役割をする遺伝子が，必要でないときにも増殖の促進をするような場合に「がん遺伝子が活性化された」という。一方で，細胞増殖を停止させる機能が働かなくなった場合に「がん抑制遺伝子の不活性化」があるという。

　がんは一つのがん遺伝子の変異によってすぐできるものではなく，複数のがん遺伝子やがん抑制遺伝子が何回も変異・増殖していく過程が必要である。がんの死亡率が，年齢から類推して年齢の4～6乗に比例するといわれているこ

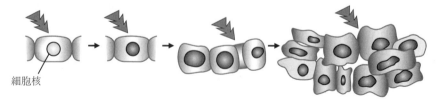

図 4.14　多段階発がん過程の模式図

とから，がんの発生までに約 20 年以上かけて，遺伝子の 4 〜 6 回もの変化が必要だと考えられる。この発がん過程で変異する遺伝子の組合せと順番は，がんの種類によって決まっているといわれる。

4.7.2　がん遺伝子とがん抑制遺伝子

　細胞が突然変異でいくつか蓄積すると，必ずがん化するわけではない。細胞が持っている膨大な数の遺伝子のうち，特定の遺伝子に突然変異が起こった場合にだけがん化が起こる。このような遺伝子にがん遺伝子とがん抑制遺伝子がある。

　がん遺伝子とは，損傷によって異常を起こすと細胞をがん化させる遺伝子をいう。もともとは，がんを発生する遺伝子ではなく，細胞が増殖・分化していく過程でがん細胞に変化するものである。多くの場合，がん遺伝子によって作られるタンパク質は，その働きが異常に強くなることにより，細胞増殖が促進されたままの状態になる。例えば，Myc という「肉腫・骨髄球腫に関連する」がん遺伝子の場合，1 個の細胞当りの遺伝子の数が増えることにより，Myc 遺伝子により作られるタンパク質が増えすぎて，際限のない細胞増殖を引き起こすと考えられる。また，Ras とよばれる「白血病に関連する」がん遺伝子は，その一部に傷が付くと働きが過剰状態になり，際限のない増殖が継続することになる。がん遺伝子には，このほかに白血病に関する Abl，肉腫に関する Src，

4.7 細胞のがん化　73

骨肉腫に関する Fos など多く列挙されている。

　一方，がん抑制遺伝子は，細胞ががん化しようとする増殖作用を制御する働きをしたり，細胞の DNA に生じた損傷を修復したり，細胞にアポトーシスを誘導したりする機能を持っている。DNA の損傷が蓄積するとがんに結び付くので，修復が必要である。異常細胞が無限に増殖しないように，異常を感知して，その細胞に細胞死を誘導することも必要である。このように，がん抑制遺伝子は細胞の異常化を制御する働きがある。そこで，がん抑制遺伝子が欠損したり，損傷したりして遺伝子に突然変異が発生すると，抑制遺伝子の不活性化が起こり，正常に働かなくなると細胞ががん化するのを止められなくなる。実際に，網膜芽細胞腫，骨肉腫，肺がん，大腸がん，卵巣がん，乳がん，ウイルス腫瘍などで，がん抑制遺伝子の欠損が見つかっている。

　がん抑制遺伝子の代表的なものに，RBI という「網膜芽細胞腫や骨肉腫のがんに関する」抑制遺伝子，MLHI という「大腸がんに関する」抑制遺伝子，p53 という「多くのがんに関連する」抑制遺伝子など20種類にも及ぶ抑制遺伝子が知られている。

　がん遺伝子とがん抑制遺伝子は正常な細胞にも存在し，通常は細胞の増殖やアポトーシスのために働いているが，遺伝子が突然変異を起こして本来の働きができなくなると細胞はがんに向かって進んでいくこととなる。

4.7.3　がん抑制遺伝子 p53 の作用

　がんの発生は，前述のようにがん遺伝子とがん抑制遺伝子とのバランスが大きく関係する。放射線によりがん原遺伝子に異常が蓄積されるとがん遺伝子となり発がんを促す。ヒトの正常細胞は，がん抑制遺伝子の働きによりがん遺伝子の発がんを抑えている。20種類以上もあるがん抑制遺伝子の中でも最も有名なのが p53 である。正常な p53 遺伝子は，放射線によって細胞に障害が起きた際に，アポトーシスなどの細胞死の誘導，DNA 損傷の修復，細胞周期の調節など，さまざまな機能を制御することで細胞の恒常性を保ち，がん化を防ぐ中心的な役割を担っている。

74   4. 放射線の細胞破壊

　p53（pはタンパク質（protein）のpを表し，53はタンパク質の質量（kD）を表す）は，DNA損傷やさまざまなストレスによって誘導され，核内で転写活性化因子として機能する。転写活性化とはp53が細胞の生死に関わる多数の遺伝子領域に結合し，転写といわれる過程で発現誘導されて活性化する。DNA損傷刺激を受けた細胞で活性化して細胞周期をG_1およびG_2/M期で停止させ，その間にDNA修復を促すことでDNAに変異が入ることを抑制し，さらに修復しきれない細胞にアポトーシスを誘導して排除することで，遺伝子の変異を防いでいると考えられている。

　細胞内で放射線，抗がん剤，紫外線などの刺激によりDNA損傷が起こると，p53タンパク質のリン酸化が起こり，一過性にタンパク質が安定化されて核内に蓄積される。代表的なリン酸化機構としては，DNA損傷により毛細血管拡張性運動失調症のタンパク質リン酸化酵素ATMとその近縁因子である同種酵素ATRが活性化し，このATMやATRによるチェックポイントキナーゼChk1・Chk2の活性化を介してp53がリン酸化する。リン酸化されたp53は分解酵素E3ユビキチンリカーゼMdm2と結合できなくなることで分解されず，核内に蓄積して標的遺伝子の発現を誘発する。代表的なp53の標的遺伝子産物であるp21は細胞周期のG_1期の進行に必須のサイクリン依存性キナーゼ（Cdk）の抑制因子として働き，G_1期の進行を抑制する。タンパク質のリン酸化/脱リン酸化反応に依存したさまざまな信号伝達系の役割を担うタンパク質14-3-3αは，細胞周期のG_2から分裂期Mへの進行の引き金となるサイクリンB/Cdc2複合体の核への移行を阻害する因子である。この14-3-3αとp21が同時に欠損した細胞が作られるが，この細胞はDNA損傷時にすみやかにアポトーシスを起こすようになる。このことは，p53が存在することでDNA損傷に対して修復機構が正常に働き，細胞を正常な状態に保っていることを示している。

　一方，タンパク質であるp53R2は，細胞ががんになるのを抑制しているp53の遺伝子からの信号を受け，損傷したDNAを修復するために目標の遺伝子に接近し，修復用のDNAを合成して供給する酵素である。p53が機能しないようになった細胞は，p53の指示でp53R2が再度DNAの修復を行う。

p53による細胞周期の制御は，p53によるがん化の抑制に重要である．すなわち，DNA損傷を受けた細胞は，そのままDNA複製や細胞分裂が起こると遺伝子の異変，染色体の異変が起こる危険性が高いために，細胞周期であるG_1およびG_2期で細胞周期を停止させる．これらの流れを模式的に**図4.15**に示す．

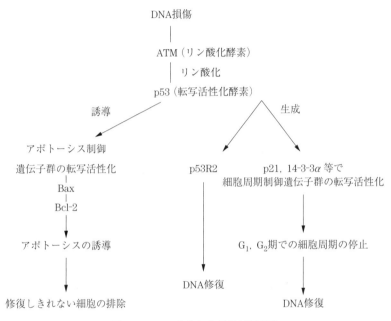

図4.15 p53を介した信号伝達経路

このような細胞周期制御と同時に，DNA損傷の程度が多く修復しきれない細胞はp53によってアポトーシスが誘導されて排除される．p53によるアポトーシスの誘導は，ミトコンドリアでアポトーシス誘導を制御するBcl-2ファミリー分子（抗アポトーシスタンパク質：アポトーシスに対する抑制の役割）を介して行われている．Bcl-2ファミリー分子によるアポトーシスの誘導は，アポトーシス誘導刺激に応答してBcl-2のサブファミリー因子BH3の分子群が誘導され，同じファミリーに属するBaxとBak（ともにBcl-2と同様な役割）の二つの分子が活性化する．同時に，アポトーシスを制御するBcl-2ファミリー

分子（Bcl-2 と Bcl-XL）は Bax と Bak の活性化を阻害することでアポトーシスを抑制している。p53 はさまざまな Bcl-2 ファミリー分子を介してアポトーシスを誘導している。p53 自身はがん抑制に必須の因子であり，その機能は他のもので代償することはできないが，p53 のそれぞれの機能，すなわち細胞周期停止やアポトーシス誘導などは複数の標的遺伝子群によって制御されている。

ヒトの体は，さまざまな DNA の変異原にさらされており，中には細胞増殖を誘導するように働く遺伝子に変異が起こり，がん遺伝子に変わることがある。がん遺伝子を有する細胞は，それのみではがん細胞にならないものの，将来的にがん細胞に変わる危険性が大きい。これらの現象から考えて，p53 はがん遺伝子を発現する異常な細胞を積極的にアポトーシスや老化を誘導して排除することで，がん化を抑えているのである（図 4.16）。p53 の活性化は，がん遺伝子による細胞増殖誘導によって起こる DNA 複製ストレスあるいはがん化誘導ストレスなどによって誘導されると考えられているが，このストレスは p53 を活性化する DNA 損傷応答と同じ信号であることが明らかである。p53 の機

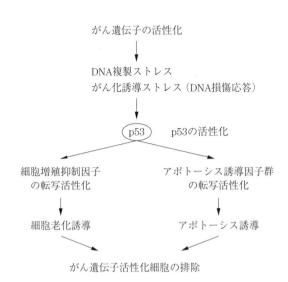

図 4.16　p53 によるがん遺伝子活性化細胞の排除機構

4.7 細胞のがん化　　77

能が無くなると，このような排除機構が働かないためにがん化しやすくなる。

　このように，p53は発がんの抑制という点で大きな役割を果たしている。細胞周期の停止によるDNAの修復，アポトーシスの誘導と細胞老化誘導によるがん遺伝子活性化細胞の排除機構などが十分に機能することになる。

4.7.4　DNA修復遺伝子の異常

　DNA分子の損傷は，細胞の持つ遺伝子情報の変化あるいは損失をもたらすだけでなく，その構造を劇的に変化させることでコード化されている遺伝情報の読み取りに重大な影響を与える。DNA修復は細胞が生存し続けるために必要な重要な手順である（DNA修復機構あるいは修復法については4.2節を参照）。

　細胞の老化とともに，DNAの損傷の発生頻度がDNA修復の速度を追い抜くようになり，修復が追いつかずに損傷が蓄積する。その結果としてタンパク質合成が減少する。細胞内のタンパク質が多くの生命維持のために消耗し続けると，細胞は死滅する。DNA損傷の頻度が増加し，その修復能力を超過すると，遺伝情報の誤りが蓄積してアポトーシス，老化あるいはがん化する。DNA修復機構の欠損による遺伝病は早期老化や発がん物質に対する感受性の増加を引き起こす。

　DNA修復機構に関与する遺伝子の欠失は，DNA修復異常に関わる遺伝的疾患の原因となる。例えば，ヌクレオチド除去修復（NER）の機能不全が原因の遺伝的疾患として，色素性乾皮症，コケイン症候群，硫黄欠乏性毛髪発育異常症，頭蓋顔骨格症候群，遺伝性非ポリポーシス大腸がんなどが挙げられる。この中で，遺伝性非ポリポーシスはDNAミスマッチ修復遺伝子の異常により，DNA複製エラーが蓄積して種々の悪性腫瘍を発症する。NER以外のDNA修復機構の異常に起因する遺伝的疾患はウェルナー症候群，ブルーム症候群，毛細血管拡張性運動失調症（A-T）などあるが，このA-Tは小脳失調，毛細血管拡張，免疫不全をおもな特徴とし，患者の細胞は電離性放射線やある種の化学物質などのDNA障害因子に高い感受性を示す遺伝病である。

78   4. 放射線の細胞破壊

健常人の細胞では,放射線を浴びると細胞周期の進行が一時的に遅れるのに,A-T患者の細胞では遅れずに進行し,やがて死んでしまう。健常人のATMは細胞周期チェックポイントを調節する役割をしているが,A-T患者ではATMの遺伝子に異常があるからである。

4.7.5　アポトーシス機構の異常

アポトーシスという言葉は,前述のように「木の葉や花びらが散る様子」を表すギリシャ語に由来し,生体内(細胞)で自然現象が起きているような感覚である。細胞が縮小し,DNAが存在する核も凝縮し,さらに細胞みずから一定の手順で死を実行するというアポトーシスは,不要になった細胞や有害な細胞を除去する生命現象である。

抗アポトーシスタンパク質の一つでアポトーシスに対する抑制役となるタンパク質Bcl-2は,脊髄性筋萎縮症の原因遺伝子が作るタンパク質と結合することで活性化する。Bcl-2はアポトーシスを抑制する機能を持っており,その機能が活性化されるとがんが発生し,低下すると運動神経変性疾患が発生する。細胞死(アポトーシス)に共通する要因,すなわちβ細胞(インスリン分泌細胞)の脱落,心筋細胞・神経細胞死,肝細胞の脱落,神経細胞死などが糖尿病,梗塞,肝炎,神経変性疾患に関連する疾病の例である。

アポトーシスが起こる際に,細胞内のミトコンドリアからアポトーシス誘導分子であるシトクロムCというタンパク質が放出される。このシトクロムCは,通常はミトコンドリアの膜にあるタンパク質VDACが作る小さな孔を通過するが,Bcl-2などがミトコンドリア膜でのVDACの孔を細くする働きをするために,細い孔を通過できない。このためシトクロムCは細い孔を通過できずアポトーシスは起きない。しかし,アポトーシスを促すタンパク質BaxなどがVDACに結合すると孔が広がり,シトクロムCが通過できてアポトーシスを誘導する(**図4.17**)。

正常な細胞は,大きな異変が生じた際にミトコンドリア内でアポトーシスが発動されて異常細胞が死滅する。がん細胞が無限に増殖し続けるのは,がん細

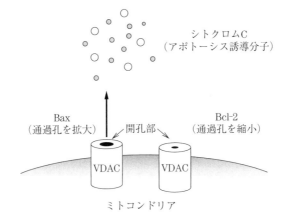

シトクロム C の働きを VDAC が制御する
図 4.17 VDAC でできたタンパク通過孔の仕組み

胞がミトコンドリアに甚大な障害を与えているためである．その際は，ミトコンドリア内部の酸化的リン酸化，電子伝達系という仕組みの改善を促進しなければならない．アポトーシス誘導治療は電子供与体 ES-27 含有成分の内服により効果的なアポトーシスの発現をめざす手法である．

4.7.6 発がん性物質と環境

文明の進歩によって，もともと地球上になかったさまざまな化学物質が生み出されてきた．その中には明らかに発がん性が確認されているものが複数ある．有害な化学物質が含まれているものとしては，タバコの煙，車の排気ガス，工場の煙，建築に使用されてきたアスベストなどが挙げられる．

日常的に口にする食品の中にも，発がん性のある多くの添加物が使われている．この添加物を使用した食品は数限りなく存在する．発がん性が疑われている代表的な添加物として，ハムやベーコンなどの加工肉に使われる発色剤「亜硫酸ナトリウム」，砂糖の代わりに使われるアスパルテーム・アセスルファム K などの人工甘味料，福神漬けや紅しょうがなどに使われるタール系合成着色剤など多々ある．

80   4. 放射線の細胞破壊

このように，ヒトは沢山の発がん物質の中で生活しているともいえる。しかし，これらの環境が発がんに直接つながるわけではない。ほとんどの発がん物質に対して，細胞は恒常性を保つための働きをするので，免疫作用による体内での無毒化によりがん化を抑制している。

発がん物質で，だれもが思いつくのがタバコである。タバコの煙には400種類以上の化学物質が含まれているといわれるが，そのうち60種類には明らかな発がん性が確認されている。アセトアルデヒドやベンゾピレンなどが代表的な有害物質である。喫煙者もしくは受動喫煙者が煙を吸い込むと，気管支を通って肺へ進む途中でベンゾピレンなどの有害物質が気管支の細胞に取り込まれる。取り込まれた発がん物資は細胞の核内に浮遊する。通常は核内のDNAは2本鎖によって結合されているが，細胞分裂の際にはDNAの2本鎖は1本ずつにほどけて，DNAポリメラーゼにより2本鎖の組合せが二つでき，二つの娘細胞が生まれて分裂は完了する（図1.6）。この「いったんほどけた」ときに核の中を浮遊していた有害物質がまぎれこんで，正常な塩基と間違って結合することがある。これでは正常な細胞分裂ができなくなる。そんな間違った遺伝子情報を持った細胞が新たに分裂することで，異常細胞が増殖することになる。これががん発生の仕組みとなる。

ヒトの体には，間違った遺伝情報を持った細胞が誕生しても，それを修復・排除する機構がそなわっているので，すぐにがん化するわけではない。しかし，ストレスや疲労などで免疫力が低下していたりすると，がん細胞の増殖を阻止することができずに腫瘍を形成することになる。このように身近にある発がん性物質が引き金となってがんになる可能性は十分にある。

がんを発生させる環境要因として，大気汚染物質，排気ガス，食品添加物，タバコなどの発がん物質，成人T細胞白血病，子宮頸がん，肝炎などのウイルス感染，放射線照射や紫外線の細胞損傷などのさまざまな要素が挙げられている。

5

放射線の組織への影響

5.1 組織と細胞動態

　60兆ともいわれる細胞でできているヒトの体は，細胞が集団となって一つの組織を作り，さらに，いろいろな組織が集まって器官を作っている。例えば肝臓は，おもに肝実質細胞組織でできているが，血管組織やリンパ組織，胆管組織なども一体となって肝臓という器官を作っている。そのため，肝臓に対する放射線の影響は，肝細胞組織に対する影響だけでなく，血管などほかの構造組織に対する影響が合わさって現れ，非常に複雑である。

5.1.1 細胞動態による組織の分類

　生体を構成する組織には，組織が完成すると増殖を停止してしまうものがある。一方，完成したあとも分裂を繰り返して，古い細胞と入れ替わるものもある。そこで，細胞の増殖の仕方でつぎの四つの系に分類できる。

〔1〕 定常系組織

　組織が完成すると細胞は分裂しない組織である。したがって細胞が死んでも細胞は新たに補充されることはない。神経や筋肉がこの系に入る。

〔2〕 休止系組織

　平常では組織は分裂しないが，組織が死んで組織に欠損が生じると，組織分裂が起こり組織が再生される。肝臓や腎臓がこの系に入る。

82   5. 放射線の組織への影響

〔3〕 細胞再生系組織

幹細胞において盛んに分裂し，絶えず新しい細胞に置き換わっている組織である。幹細胞は二つに分裂して，その一方は分化して脱落するが，他方は幹細胞としてまた分裂するので，細胞数はつねに一定に保たれている。皮膚，腸上皮，水晶体，卵巣などの多くの組織が，この系に入る。ただし，幹細胞は永遠に分裂できるわけではなく，正常細胞のほとんどは染色体の末端にあるテロメアによって分裂回数はあらかじめ決められている。

〔4〕 増殖細胞系組織

幹細胞系の分裂様式とは異なり，脱落していく細胞がなくても分裂を繰り返すので細胞数，容積ともに増大する。受精卵と悪性腫瘍がこれに相当する。

この四つの細胞分裂・増殖様式の違いを整理すると**表5.1**のようになる。細胞の分類法は機能別や形態別などによる場合もあるが，放射線の影響を考える場合は，増殖様式による分類がよく使われる。

表5.1　組織の細胞動態的分類

組織の細胞動態的分類	組　織	特　徴
定常系組織	神経，筋肉	組織が完成すると組織は分裂しない
休止系組織	肝，腎，内分泌腺	条件によって先祖返りといわれる分裂がおこる
細胞再生系組織	骨髄，腸上皮，皮膚上皮	肝細胞が分裂して新しい細胞に置き換わる
増殖細胞系組織	受精卵，悪性腫瘍	分裂を繰り返して細胞数，容積ともに増大する。減衰系として卵巣を個別に分類する場合もある。

5.1.2　組織の放射線感受性

組織分裂の頻度や再生能が高く，分裂過程が長いものほど，さらには細胞形態が未分化・幼若なものほど放射線感受性が高いという。1906年にベルゴニー（Bergonië）とトリボンドウ（Tribondeau）はラットの精巣に放射線を照射して影響を調べる実験を行い，つぎのような法則を見出した。

5.1 組織と細胞動態　　83

〔1〕　細胞は分裂頻度が高いほど放射線感受性が高い

短期間になんども分裂を繰り返す細胞，すなわち細胞周期が短い細胞は放射線感受性が高い。

〔2〕　将来長期にわたって分裂する細胞は放射線感受性が高い

長い期間にわたって分裂の能力を持つ細胞，つまり分裂をしている期間の長い細胞は放射線感受性が高い。

〔3〕　形態的あるいは機能的に未分化である細胞は放射線感受性が高い

形態や機能が分化している細胞は放射線感受性が低く，分化の度合いが低いほど放射線感受性が高い。この法則は細胞分裂頻度が高いと放射線感受性も高いことを物語っている。

これを具体的な組織に当てはめると

・細胞分裂頻度の非常に高い組織：リンパ組織，造血組織，卵巣，腸上皮

・細胞分裂頻度の高い組織：口腔上皮，皮膚，毛囊上皮，膀胱上皮，水晶体上皮，尿管上皮

・細胞分裂頻度が中程度の組織：結合組織，骨組織

・細胞分裂頻度の低い組織：骨組織，汗腺上皮，肝上皮，膀胱上皮，甲状腺上皮，副腎上皮

・細胞分裂頻度が非常に低い組織：神経組織，筋肉組織

となる。

放射線感受性は，このように組織によって大きく異なる。ある組織は少量の放射線でも強い反応を示したり，ある組織は大量の放射線でもあまり反応しなかったりする。幹細胞系組織や腫瘍系組織は感受性が高く，休止系組織は感受性がやや低い。定常系組織は最も感受性が低い。一般的な組織の感受性は細胞動態とベルゴニー・トリボンドウの法則で説明される。

放射線感受性が最も高いのはリンパ球と精巣の精原細胞と造血系の幹細胞である。神経組織，線維組織，脂肪組織などは非常に感受性が低く，放射線抵抗性組織ともいわれる。感受性の低い組織でも，組織内にある小血管は感受性が高いので，血流障害により二次的組織障害が起こる可能性がある。これら分類

84   5. 放射線の組織への影響

の詳細は前述のとおりである。

5.1.3 造血幹細胞と血球

　血液は，血漿といわれる液体成分（全体の58％：内訳は90％が水分，タンパク8％，電解質その他2％）と血球という細胞成分から成り立っている。血球には赤血球，白血球，血小板の3種類の細胞があり，それぞれ特有の役割を果たしている（**表5.2**）。核を持っているのは白血球のみである。白血球はリンパ球，単球，顆粒球に分類される。顆粒球は細胞質中に存在する顆粒の染色性によって分けられ，殺菌に大きな役割を果たす。顆粒球の中で最も多い好中球は，外来菌を貪食して殺菌する特異な機能を持っている。単球は血管から

表5.2 血球の種類，形状，作用 [3]

血球の種類			成熟型	作　用	血球数〔μL当り〕	大きさ〔μm〕
赤血球				● 酸素を細胞に運び，炭酸ガスを運び去る	男子約500万個 女子約450万個	直径7.7 厚さ2.2
白血球	リンパ球			● 細胞性免疫作用 ● 体液性免疫作用 （抗体産生）	1 500〜4 000	直径12〜12
	単球			● 血管外に出ると，マクロファージ（大食細胞）になり食作用を行う	200〜1 000	直径12〜20
	顆粒球	好酸球		● 抗原抗体複合物の摂取除去	200〜400	直径10〜17
		好塩基球		● 炎症部位の血管拡張 ● 血液凝固防止	200 以下	
		好中球		● 食作用	2 000〜7 000	
血小板				● 血液の凝固作用	約30万個	直径1〜4 厚さ0.5

出て，細胞内でマクロファージとなり，貪食能を持っているとともに中心的な免疫相当細胞でもある。これらの特徴ある血球は，骨の中心部にある海綿状の骨髄という組織で作られている。すなわち，造血幹細胞（hematopoietic stem cell，HSC）は骨髄に存在し，赤血球，白血球，血小板を作りだす細胞である。

血球細胞は大きく骨髄系とリンパ系の血球に分類される。これらの細胞の成熟化には，分化系統で特異的な 50 以上もある造血因子が作用する。造血因子によって刺激された造血幹細胞は，多能性前駆細胞（multipotential progenitor，MPP）を経由して骨髄系共通前駆細胞（common myeloid progenitor，CMP）または主リンパ球系共通前駆細胞（common lymphoid progenitor，CLP）のいずれかに分化誘導される。

幹細胞の定義として，一個の細胞が分裂して 2 種類以上の細胞系統に分化可能であると同時に幹細胞自体にも分裂可能（自己複製）であり，結果として幹細胞が絶えることなく生体内の状況に応じて分化，自己複製を調整し，必要な細胞を供給している。造血幹細胞は骨髄の中で盛んに細胞分裂を行っている。これらの細胞は分裂を繰り返しながら，赤血球，白血球，血小板へとそれぞれ成長していく。この細胞分裂に伴って，それぞれ特徴ある細胞に成長していく過程を「分化」と呼ぶ。血液中では形態も役割も異なる血球であるが，もともとは造血幹細胞という 1 種類の細胞から分化して作られている（**図 5.1**）。一方で造血幹細胞は，細胞分裂によってみずからと同じ造血幹細胞を増殖する力，すなわち「自己複製」の力を持つことで，骨髄の中ではつねに造血幹細胞が再生され，一生を通じて枯渇することはない。このように，造血幹細胞は「分化」と「自己複製」という二つの機能を持ち，これら二つの機能が巧みに調節されて造血が行われている。

血球系の細胞には寿命があり，造血組織より供給されなくなると徐々に減っていく。この寿命は血球の種類によって異なり，例えば，ヒトでは赤血球は約120 日，リンパ球は 2 〜 4 日，好中球は約 1 日，血小板は 3 〜 4 日などである。ヒトの造血組織は骨髄内に存在するが，すべての骨の骨髄で造血が行われる訳ではなく，胸骨，肋骨，脊椎，骨盤など体幹の中心部分にある偏平骨や短骨で

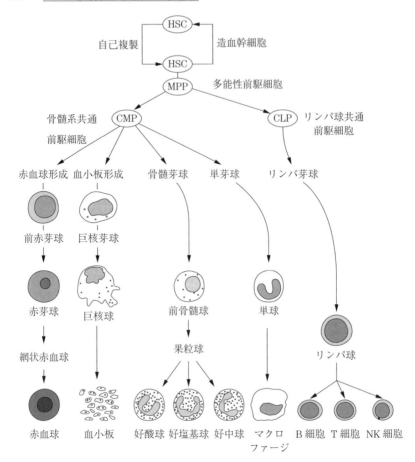

図 5.1 造血システムと造血因子

おもに行われる。その他の長管骨の骨髄では出生後しばらくは造血機能を持つが，青年期以降は造血機能を失い，加齢とともに徐々に辺縁部位が脂肪組織に置き換わってゆく。最長の大腿骨でも 25 歳前後で造血機能を失う。

5.1.4 血球に対する放射線の影響

末梢血液中にある成熟血球は一般に放射線感受性が低いが，前述のとおり，リンパ球だけは例外である。リンパ球は成熟してもきわめて感受性が高いため，

骨髄が照射されなくても末梢血管が照射されるとリンパ球減少が現れる。多能性幹細胞の放射線感受性はきわめて高い。骨髄が照射されると最も感受性の高い多能性幹細胞の分裂が障害されるので，すべての血球の増殖に影響する。多能性幹細胞が死滅するほどの障害では，すべての種類の血球が減少する汎血球減少が起こる。これを再生不良貧血という。

　再生不良貧血になると血小板の減少による出血，白血球の減少による感染症，赤血球の減少による貧血など重篤な症状が現れる。多能性幹細胞が分裂を一時停止したあと回復する程度の障害では，末梢血液の変化は血球の寿命に左右される。寿命の長い血球は，血球がなくなる前に多能性幹細胞の分裂が再開して補給が始まるので減少はほとんど目立たない。

5.2　急性障害と晩発生障害

　急性障害と晩発生障害は，障害の発生時期による表現で，一般的に急性障害は被ばくして 1 ～ 2 週間後程度から数か月以内に発症し，晩発性障害は数年後以降に発症する。身体的影響は被ばく部位（器官）や被ばく線量の大きさにより影響の発現時期に違いがあり，高線量を短時間に被ばくした後に数週間以内に現れる影響を急性障害，また，比較的低線量を被ばく後の数か月から数年以上経過して現れる影響を晩発障害という。

　急性障害は放射線被ばくが大きい場合に起きる。例えば，造血機能低下は 0.5 Gy，一般的には数 Gy 以上と，しきい線量以上の被ばくでは確実に急性障害が現れる。したがって，これは確率的影響といわれる。急性障害のおもな身体的影響を列挙すると，脱毛・皮膚紅斑，出血・血小板減少，放射線宿酔，不妊などがある。

　晩発障害には低線量でも生じる発がんと高線量でしか起きない白内障がある。白血病および固形がんなど放射線発がんは約 0.2 Gy 以上の被ばくで生じることが認められている。晩発性の白内障は 5 Gy 以上で確実に起きるため確

定的影響に分類される。晩発障害による疾病はいずれも放射線以外の原因に
よって自然に生じている疾病と区別ができない。また，被ばくと発症時期との
期間が長いため，両者を関係づけて解明するのは困難である。

5.3　確定的影響と確率的影響

放射線に被ばくすると，その線量に依存して身体的影響が発生するが，被ば
く量による発症の違いから確定的影響と確率的影響に分類される。急性障害や
不妊，白内障などの身体的影響は確定的影響である。晩発性の身体的影響や子
孫に伝わる遺伝的影響は確率的影響である。

確定的影響は，しきい値のある組織障害反応であり，線量が大きいほど重篤
な障害を生ずる。しきい値は，臨床診断において，組織維持のかなめである組
織集団に放射線損傷の症状を認める最小線量である。しきい値以上では，線量
増大とともに障害の重篤度が増す一方，放射線感受性の差を反映して，発症の
頻度は最大（100 ％）になる。なお，放射線治療では 5 年以内に 1 ～ 5 ％の患
者に障害を生ずる線量をしきい値としている。

しきい線量は，器官や組織に依存し，細胞の増殖や回復などの違いで異なる
が，1 回被ばくで多くは 1 Gy 程度以上になる。100 mGy 程度以下の 1 回被ば
くまたは毎年繰り返し被ばくでは，臨床的に認められる症状は現れない。なお，
放射線防護上，生殖腺，眼の水晶体と骨髄の確定的影響は高感受性で注目され
る。

確率的影響には，損傷した単一体細胞に起因した発がんと，単一生殖細胞に
起因した遺伝性疾患がある。臨床診断が下されるがん細胞は，単一の細胞が発
がんに際して重要な DNA 損傷の複雑な過程を経て 10 億個以上に増殖する必
要がある。過大な線量では損傷細胞が増殖能を失うため，確率的影響にしきい
線量はないとみなされる。

5.4 主たる組織の放射線障害の特徴

5.4.1 リンパ球と血液がん

血管は心臓を中心にした閉鎖性回路を形成しているが，血液の液体成分はつねに血管内を流れているのではなく，細胞に酸素と栄養素を供給するために，毛細血管の動脈側で血管から血液が流出している。静脈側で血管に戻れなかった水分はリンパとなり，これをリンパ管が回収して血流に戻してくれる。このように，毛細血管から漏れた水分（組織液）を吸収して静脈血管にして還流する役割をするのがリンパ管である（**図 5.2**）。また，同時に脂肪を運搬するのでリンパは白い血液ともいわれる。毛細リンパ管は毛細血管と同じように一層の内皮細胞で構成されている。毛細血管の内径は約 10 μm であるが，毛細リンパ管はそれより太く，長径は 20 〜 75 μm ほどである。内皮細胞の結合はゆるく重なり合って，弁のように働いている（**図 5.3**（a））。血管の構造（図（b））は内膜が 3 層で構成され，高血圧に堪える構造になっているが，毛細血管と同様にリンパ管は単純な構造である。

血球成分（血液細胞）は骨髄の造血幹細胞から増殖・分化して生成される。

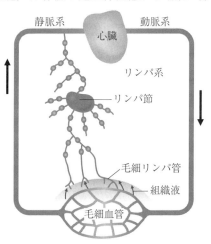

図 5.2 リンパ管の循環路

90   5. 放射線の組織への影響

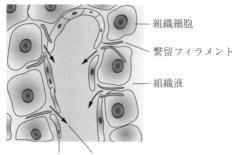

（a） 毛細リンパ管末端断面

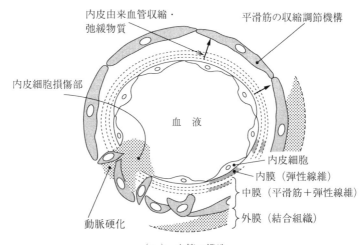

（b） 血管の構造

血管は3層構造になっているが，リンパ管は1層の内皮細胞で構成。

図 5.3 血管と毛細リンパ管の断面構造の比較

造血幹細胞は，骨髄系前駆細胞とリンパ系前駆細胞に分かれ，骨髄系前駆細胞からは赤血球，血小板，白血球の顆粒球（好中球，好酸球，好塩基球）や単球が産生され，リンパ系前駆細胞からは白血球の中のB細胞，T細胞などが産生される（**図 5.4**）。

リンパ管にはところどころにソラマメ状のリンパ節がつながっている。リンパ管はリンパ節を経由しながらリンパ本管となって静脈に接続しリンパ液を注

5.4 主たる組織の放射線障害の特徴

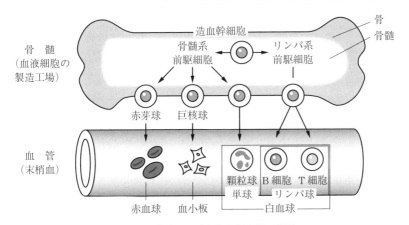

図 5.4 骨髄での造血と末梢血流の関係

入する。リンパは白い血液といわれる液体で，リンパ流は心臓に近づくまでに数千というリンパ節でろ過される。リンパ節には単球（マクロファージ）が存在し，リンパの中の細菌やウイルスなどの異物を破壊し，貪食する。また，リンパ節内には多数のリンパ球が存在し細菌と戦って生体を守ってくれる。リンパ節は本来，ウイルスや細菌などの病原体と戦って体内から排除する免疫という働きを担っているが，捕捉した細菌の数が多すぎるとリンパ節は激しい炎症を起こして腫大する。また，がん細胞もリンパ管を介して転移して全身に拡大するおそれがある（**図 5.5**）。

　悪性リンパ腫とは「血液のがん」のことである。リンパ系造血幹細胞がリンパ芽球からTリンパ球，Bリンパ球へと複雑な分化をしていく過程で悪性化（がん化）したものである。がん化した白血球が血液内で増殖した場合「白血病」といい，がん化したリンパ球がリンパ節やリンパ管で増殖した場合に「悪性リンパ腫」という。リンパ球ががん化する原因についてはほとんどわかっていない。原因がわかっているのは，成人T細胞白血病リンパ腫などのウイルス感染によって起こるものや，慢性的な炎症が原因で起こるものなど，ごく一部のリンパ腫のみである。

　悪性リンパ腫は，リンパ系組織とリンパ外臓器（節外臓器）に発生する。リンパ系組織は，リンパ節をつなぐリンパ管や，リンパ管の中を流れるリンパ液，

5. 放射線の組織への影響

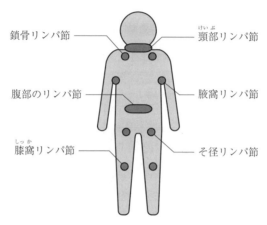

図 5.5 リンパ節の部位

胸腺, 脾臓, 扁桃の臓器や組織で, 細菌やウイルスなどの病原体を排除する免疫システムの働きがある。一方, リンパ外臓器は, 胃, 腸管, 甲状腺, 骨髄, 肺, 肝臓, 皮膚などである。リンパ系の組織や臓器は全身にあるため, 悪性リンパ腫は全身の部位に発生する可能性が高い。発症の主要因は, 細胞内の染色体の異常によって染色体の中のがん遺伝子は活性化し, その結果, リンパ系細胞ががん化して発症する。また, ヘルペスウイルス, C型肝炎ウイルス, EBウイルス, ヘリコバクターピロリ菌などのウイルス感染症や免疫不全が関連して発症する場合もある。

5.4.2 骨髄障害

ヒトでは全骨髄が 4 Gy 被ばくすると半数の人が死亡し, 8 Gy ではほとんど全員が死亡する。死因は血小板減少による出血が主である。それに白血球減少による感染症, 出血と造血障害による貧血も加わる。しかし, 一部が被ばくした場合には, 被ばくせずに残った骨髄や黄色骨髄が働く。このように骨髄では被ばくの範囲が障害を左右する。

骨髄が広範囲に被ばくして死をまぬがれた場合でも, 後期に造血機能の低下が起こり再生不良性貧血になることが多い。再生不良性貧血は放射線障害によって発症するが, 薬剤や肝炎によっても発症する。原因がわからない突発性

再生不良性貧血もあれば，先天性再生不良性貧血もある。低線量被ばくの場合，再生不良性貧血が放射線で誘発されたかどうかの判断は困難なことが多い。原爆被ばく生存者では再生不良性貧血の誘発率は 1.8 倍に増加し，脊椎に放射線治療を受けた患者での誘発率は 20 倍にもなるとの報告もある。

5.4.3　生殖器系の障害

精巣と卵巣では生殖細胞の分化過程は異なるが，いずれの生殖器においても放射線被ばくにより生殖細胞が障害され，その結果組織反応として不妊が起こる。卵巣は細胞再生系の組織であり，精巣中に充満している細精管ではつねに精子形成が行われている。精子形成過程は，幹細胞である精原細胞（精祖細胞）→ 第一次精母細胞 → 第二次精母細胞 → 精子細胞 → 精子となる。

精原細胞が精子になるまでに約 75 日間かかり，精子の寿命は約 40 日である。精巣における精子産生は青春期から死ぬまで行われる。精細胞の放射線感受性は細胞の分化段階により異なるが，一般に放射線感受性は精原細胞が最も高く，精子形成過程の進行順に感受性は低くなり，精子が最も抵抗性がある。精原細胞は 0.15 Gy ほどの低線量で分裂が停止し，2 ～ 3 か月後に精子が減少する。精子は放射線抵抗性があるため，照射直後から不妊になることはないが，日数が経過するにつれて精子数が減少し，不妊になる。線量が多いと不妊になるが，精原細胞が再生して精子を生産するようになれば一時的に不妊が終わる。再生できないほどの障害を受けると永久不妊になる。10 Gy で永久不妊となる。

卵巣の卵子形成過程では，卵原細胞 → 減数分裂開始 → 一次卵母細胞 → 減数分裂第一分裂の完了（一次卵母細胞の成熟）→ 二次卵母細胞（減数分裂の第二次分裂の完了）→ 成熟卵となる。ヒトでは胎児期において卵原細胞から卵母細胞が作られてしまい，出生時の卵巣には卵原細胞はなく卵母細胞だけが存在している。卵巣は非再生系であるが，その放射線感受性が高く，特に成熟卵母細胞の感受性が最も高くなっている。女性では，0.5 Gy で一時的不妊が起こる。永久不妊は 1 回照射で 6 Gy 以上，分割照射で 15 Gy 以上の照射で起こる。永久不妊を生じる線量は年齢とともに低くなる。特に更年期間近の女

94   5. 放射線の組織への影響

性では 4 Gy でも永久不妊が起こるようになる。また，放射線照射による永久不妊においても自然閉経時にみられるようなホルモンの変化が起こるのも女性の特徴である。

卵巣の 1 回照射と分割照射を考えるとき，同一の効果をもたらすには分割照射のほうが 1 回照射よりも線量が高くなるのが一般的である。これは生殖腺に限らず，他の組織でも，培養細胞でも，SLD 回復が起こる場合にあてはまる。ただし，精巣特有の現象，分割の仕方によっては，分割照射のほうが効果的（不妊になる）な場合があることが知られている。

5.4.4　消化器系の障害

消化管は口腔，咽頭，食道，胃，小腸，大腸とつながる 1 本の管になっている。このなかで小腸が最も放射線の感受性が高い。小腸 → 大腸 → 胃 → 口腔・咽頭・食道の順に感受性が低くなる。

小腸は消化された栄養分を効率よく吸収する。その働きは小腸内面にある粘膜で行われる。小腸の内径は約 4 cm で，内壁はヒダが多く，粘膜の表面には腸絨毛という突起や腸腺というくぼみが多くある。小腸の粘膜の表面積は約 20 m^2 にもなる。これによって栄養の吸収効率を増大している。また，腸腺内部にはバイエル板（集合リンパ小節）というリンパ組織が存在し，樹状細胞，T 細胞，B 細胞などの免疫細胞が集中している。外部から取り込まれた抗原を免疫細胞が集まっているバイエル板に誘導し，免疫細胞の樹状細胞，リンパ球の T 細胞と B 細胞，形質細胞などによって処理をしている。

小腸には絨毛があり，その下には腺窩（隠窩）といわれる部分があり，その部分に幹細胞（腺窩細胞あるいは隠窩細胞）が備わっていて盛んに分裂が行われ，そこで生じた細胞は順次絨毛へ補給される（**図 5.6**）。幹細胞が分裂すると，一方の細胞は幹細胞の能力を維持しその場に留まるが，もう一方の細胞は，分化・成熟しながら絨毛の先端に向かって移動し，古い細胞と置き換わる。絨毛上皮細胞は絨毛先端で脱落し一生を終えるが，分裂してから絨毛先端で脱落するまでの期間はヒトで 3 ～ 7 日である。上皮細胞の供給と脱落が同じ速度で起

5.4 主たる組織の放射線障害の特徴　　95

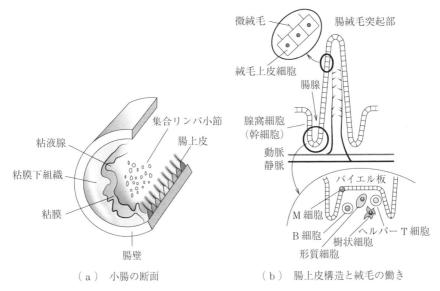

(a) 小腸の断面　　　　　(b) 腸上皮構造と絨毛の働き

図 5.6　小腸の構造

これば平衡で定常状態が保てる。

　小腸の感受性が高いのは小腸腺窩細胞の感受性が高いのが原因である。ただし，1～2 Gy 以下では，素早い回復のため小腸腺窩にはなんら症状がない。何らかの胃腸障害が起こるのは 3 Gy 以上である。絨毛上皮細胞は成熟した細胞ばかりで放射線抵抗性があり，絨毛先端への細胞の移動速度は放射線を照射しても変化はない。10 Gy 以上の照射を受けると，小腸クリプトではすべての幹細胞が分裂を停止するため，細胞を新しく作りだせず，絨毛への細胞の補給が絶たれることになる。したがって，絨毛上皮細胞の数は減少し，一定時間後には腸内壁を覆いきれなくなる。この腸内壁の露出により，脱水症状を起こしたり，電解質の平衡状態がくずれたり，腸内細胞の体液中への侵入などから感染を起こしたりして個体が死に至る。これが腸死（消化管死）である。このため，被ばくから死亡までの期間は腸上皮細胞，すなわち絨毛上皮細胞の寿命で決まり，線量に依存しない一定の日数となる。

　大腸は盲腸，結腸，直腸からなり，小腸と異なり大腸の粘膜には繊毛がない。胃も同様に絨毛がなく，両者とも表面は単層の円柱上皮で覆われている。胃に

は胃小窩が，大腸には深い大腸陰窩が発達しており，そこに幹細胞がある。この幹細胞が分裂して，新しい細胞が粘膜表面へと移動する。幹細胞の分裂が停止すると，粘膜上皮の脱落が進行するので，粘膜が障害される。その結果，ぜん動運動や消化機能が障害され，またびらんや潰瘍を生じる。数 Gy で潰瘍が生じることがある。

口腔や食道の粘膜は，扁平な細胞が幾重にも重なる構造で外力に対して非常に強い性質の重層扁平上皮で覆われている。粘膜の基底層に幹細胞があり，分裂でできた新しい細胞はしだいに上層に移動していく。幹細胞からの補充が遅れると，粘膜上皮はしだいに薄くなり，粘液の分泌が障害されて乾燥する。その結果，食べ物が通過しにくくなり，また，びらんや潰瘍が生じる。

5.4.5 皮 膚 の 障 害

皮膚は表皮，真皮，皮下組織の3層に分かれており，表皮は角質層，顆粒層，有棘層，基底層に細分化される。表皮は重層扁平上皮で，表層部は角質化した細胞で垢として脱落していく。基底層から分化した角化細胞は形・性質を少しずつ変えながら，有棘層・顆粒層を移動して角質層に到達し，角質細胞となる。基底細胞は，細胞分裂が盛んであるうえ，放射線感受性が高い。基底細胞は表面から平均 70 μm の深さにあり，放射線障害防止法で個人被ばく線量測定に70 μm 線量当量を用いるというのは，基底細胞の平均深さに対応している。

真皮は強靭な線維性結合組織で構成されており，その中に毛細血管や感覚を司る神経終末が多く存在する。基底層にある幹細胞が分裂し，新しくできた細胞はしだいに表層部に移動して角化層となる。寿命は1～2週間である。表皮の基底層には色素を作るメラノサイトがあり，真皮には汗腺，皮脂腺，毛根，毛細血管が，皮下組織には結合織，脂肪，小血管がある（**図 5.7**）。

皮膚の放射線障害は表皮，真皮，皮下組織の変化が合わさって現れるので，角化層の厚さ，皮下組織の厚さ，メラノサイトや汗腺，毛根の数の違いで障害の現れかたが異なる。

皮膚がんの種類はつぎのとおり，大きく六つに分類される。

5.4 主たる組織の放射線障害の特徴　　97

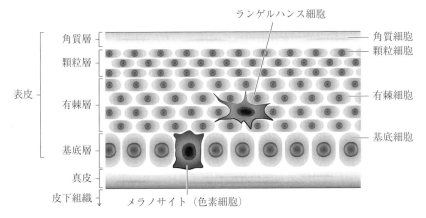

図 5.7　皮膚の構造

〔1〕　**基底細胞がん**
　皮膚がんの中で最も頻度の高いがんで，基底層の基底細胞もしくは毛の細胞が悪性化することで発生し，紫外線のばく露が関係しているといわれる。

〔2〕　**有棘細胞がん**
　表皮角化細胞の悪性化によるがんで，露光部に生じたものは日光により発生する例が多い。

〔3〕　**悪性黒色腫**
　メラノーマともいわれる，悪性度の高いがんで，メラニン色素形成にかかわるメラノサイト（色素細胞）が悪性化することで起こる。日光に関係するものと，無関係なものとに分かれるが，悪性黒色腫の約半数は手足に現れる。

〔4〕　**ボーエン病**
　表皮角化細胞ががん化したもので，がん細胞の増殖は表皮内に留まる。有棘細胞がんの早期と考えられる。そのため転移の可能性はほとんどなく，比較的浅いがんとされる。

〔5〕　**日光角化症**
　紫外線を浴び続けたことで発症する皮膚疾患で，60歳以上の高齢者に多くみられる。有棘細胞がんの前がん病変とみなされ，進行すると有棘細胞がんになる。

98   5. 放射線の組織への影響

〔6〕 パジェット病

汗を産生する細胞ががん化したものと考えられているがんの一種で乳頭や乳輪に発生する乳房パジェット病と外陰部などに発生する乳房外パジェット病に分類される。

なお，図5.7中に見るランゲルハンス細胞は，メラニン細胞と同様に樹状の胞体突起を持つ樹状細胞で，一種のマクロファージである。赤色骨髄由来の非常に強力な抗原提示細胞で表皮のどの層にも存在する。特に皮膚層では有棘層の中に1 mm^{2}当り400～1 000個存在する。この細胞は，表皮表面と表皮細胞間の環境をつねに監視しており，皮膚に対する細胞性免疫反応を強力に促進する。多くの炎症性の皮膚疾患，特にアレルギー性接触皮膚炎に活性化された数が増加する。皮膚は体表を包むので，絶えず多くの抗原分子に直に接触，表皮のこのような構造物が自然免疫と獲得免疫に関わり，皮膚全般の保護機能に対して免疫学的要素を提供している。

放射線による皮膚の障害は被ばく線量に応じて，脱毛，紅斑・色素沈着，水疱・びらん，潰瘍といった具合に症状が異なる。このため，これらの症状は被ばく線量推定の目安となる。

5.4.6 眼・水晶体の障害

眼・水晶体における放射線被ばくによる急性障害として角膜炎や結膜炎などが起こる。また，晩発性障害として白内障，角膜潰瘍，放射線網膜症が生じる。この中で，放射線感受性の高い水晶体の疾患である白内障が特に重要である。白内障は，本来透明な水晶体が混濁し，光の乱反射や網膜への不到着が起き，視覚が障害される疾患である。発症部位によっておもに後嚢下白内障，皮質白内障，核白内障の三つに分類される。白内障は放射線や糖尿病などの病理的要因によって誘発されるが，白内障の主因は加齢である。加齢による白内障で最も多いのは皮質白内障である。

白内障のおもな発症機構として，水晶体上皮細胞から水晶体線維細胞への分化不全による細胞小器官の残存，水晶体線維細胞の配列の乱れ，水晶体を構成

する主要水溶性タンパク質であるクリスタリンの異常凝集が考えられる。クリスタリンは水晶体の透明度と弾性保持に重要な働きをする。

放射線によって水晶体上皮細胞が障害を受けると，障害を受けた上皮細胞は脱落して，レンズの中に留まるので水晶体が濁る。脱落した細胞は水晶体後壁に集まり，しだいに濁りは拡大していく。進行すれば老人性白内障か放射線白内障か区別が困難になる。0.5 Gy で水晶体は混濁が起こる。2 Gy では視力障害が現れるほどの白内障が起こる。放射線の線量が多いほど潜伏期は短く，進行が早く，その程度も強い。

5.4.7 中枢神経の障害

神経細胞は非再生系の定常系組織であり，放射線感受性が低い。原発被ばくや原爆被ばくのような大量被ばくでは神経細胞死が起こる。一般にはまわりの支持組織の障害によって二次的な神経障害が現れる。中枢神経障害は放射線による急性障害の中で最も重篤な影響に分類されており，数 10 Gy 以上の高線量を短時間に被ばくした場合に発生する。中枢神経系の障害が発現するような事態は個体にとって致死的なことである。被ばくにより脳細胞の変性，大脳の浮腫，脳血管の炎症が起こり，倦怠感から重症の無欲・無気力状態，虚脱・昏睡状態へと急速に進行する。

〔1〕 脳 の 障 害

脳の放射線障害はほとんどが血管の障害によるものである。早期に血管の透過性が亢進して浮腫が起こる。その結果，脳圧が上がり，上昇の程度が強ければ死に至る。軽度の浮腫でも，ひどい頭痛やおう吐が起こり，食事もままならない。脳には血液脳関門という機能があり，脳に有害な物質は血管内から脳内に移行しないようにしている。この血液脳関門は，血液と脊髄を含む中枢神経系の脳の組織液との間の物質交換を制限する機構である。ただし，血液脳関門は脳室周辺器官，例えば松果体，脳下垂体，最後野などには存在しない。血液脳関門は，毛細血管の内皮細胞の間隔がきわめて狭い，あるいは密着結合していることによる物質的な障壁であるが，これに加え中枢神経組織の毛細血管内

100　　5．放射線の組織への影響

皮細胞自体が持っている特殊な生理的機能，すなわち，グルコースをはじめとする必須内因性物質の取り込みと異物を排出する積極的な機構が関与している。グルコース，酸素，ケトン体は通過できるが，細菌やウイルスは排除される。一方で，本来は有害であるアルコール，カフェイン，ニコチン，抗うつ薬は脳内へ通過できるが，これは脳毛細血管内皮細胞の細胞膜に存在するタンパク質が脳内からこれらの物質を排出していることが明らかになっている。こうした毛細血管内皮細胞の機能はリンパ球，マクロファージ，神経膠細胞から放出されるサイトカインによって制御されている。このため，脳炎や髄膜炎のときは血液脳関門の機能は低下する。また，膿瘍その他の感染巣形成や腫瘍といった，よりマクロなレベルの破壊を起こす疾患によっても，血液脳関門は破綻する。

　血管障害では，この血液脳関門機能も影響を受ける。血流の減速や減少により酸素やグルコース供給が低下し，脳の活動が障害される。血管の障害は，周辺に炎症や線維化を起こして，神経を圧迫する。さらに，血管が閉塞すると脳の壊死が起こり，グリア組織が急増する。

　なお，グリア細胞は周辺組織の恒常性を維持するような比較的静的な役割を果たすことで信号伝達に貢献すると考えられたが，神経細胞のみが担うとされている信号伝達などの動的な役割も果たしている。

〔**2**〕　**脊髄の障害**

　生体内では毎日，白血球の約 20 分の 1，血小板の約 9 分の 1 が入れ替わっている。それでも白血球や赤血球が減少しないのは，造血幹細胞が絶えず自己再生と分化をして，成熟細胞を供給しているからである。骨髄は骨の中にある血球を作る組織であり，造血幹細胞は自己複製能と多分化能の二つの機能を持ち，骨髄組織を維持して血球細胞を供給し続ける。この骨髄の造血組織は細胞分裂のきわめて高い組織である。当然ながら，造血組織では頻繁に細胞分裂が行われ，新しい血球が産生されている。その結果として細胞分裂が高い組織は放射線の感受性が非常に高い。すなわち，脊髄の放射線感受性は非常に高いといえる。造血組織は年齢によって移動する。胎児期は肝臓・脾臓などで，20

歳前後で脛骨・大腿骨を経て肋骨に移動し，高齢になると椎骨や胸骨がおもな造血組織となる。

脊髄損傷で問題になるのは後期性の放射線脊髄炎である。障害を受けた部位から末端側に麻痺が起こり，頸椎，上部胸椎など脊髄の上部ほど感受性が高くなる。1～10 Gy 以下の全身被ばくを受けると骨髄症候群が発生する。その発生率や重篤度は一般的には線量にほぼ依存するが，置かれた環境によって症状は軽減できる。1990 年の国際放射線防御委員会（ICRP）報告書によると，全身に均等に被ばくした人の半数が骨髄の障害で 2 か月以内に死亡するような線量は 3～5 Gy である。

5.4.8　その他の組織の障害
〔1〕　　肺

肺は血液のガス交換を司っており，広範囲に障害が起これば呼吸困難に陥る。放射線による肺の障害は放射線肺臓炎と呼ばれ，おもに毛細血管や小血管の障害による。放射線肺臓炎は，肺にできたがん（例えば，肺がん，食道がん，乳がん，悪性リンパ腫など）に対して行われた放射線治療による肺の障害が原因で起こる肺炎である。障害された肺組織では DNA が損傷を受け，これらの細胞から炎症を誘発する物質（サイトカイン）が放出され，おもに肺胞の壁（間質）に炎症が誘起されて，最終的に肺の線維化につながる（**図 5.8**）。すなわち，肺胞の末梢に充血，浮腫，細胞浸潤が起こり粘液が増加して肺胞中核が肥厚する。このとき，胸部 X 線写真で肺炎様の影が現れる。一過性で改善する場合もあるが，肺線維症に移行しやすい場合もあり，個人差が大きい。

肺の放射線障害は被ばく容積に依存する。両側の全肺野が含まれる場合，分割照射では 20 Gy，1 回照射では 8 Gy 程度で呼吸困難をきたす危険がある。肺は中程度の放射線感受性を示し，30～40 Gy で肺炎を起こし，1～2 か月後に肺線維症を起こす。

〔2〕　肝　　　臓

肝組織は放射線感受性が低いとされているが，肝臓全体が照射されると，分

102　　5. 放射線の組織への影響

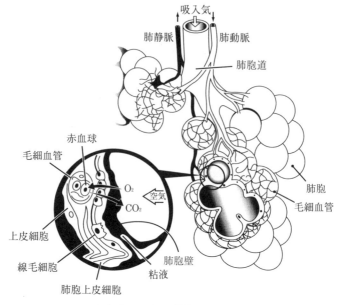

肺胞壁が肥厚して換気が悪化する。

図 5.8　肺胞機能と構造

割照射で 30 Gy 以上，1 回照射で 7.5 Gy で急性肝障害をきたし，危険である。肝臓は人体で最大の実質臓器で，横隔膜の下面に付着しており，糖質，脂質，タンパク質の 3 大栄養素の中間代謝に重要な役割を持っている。胆汁を合成し十二指腸内へ分泌する外分泌腺としての機能，ビタミンや鉄などの貯蔵庫，血液の貯蔵庫としての機能などがある。通常の状態では肝細胞の分裂の見られない潜在的再生系の臓器で，放射線感受性は比較的低い。

　肝臓では明らかな体積効果がみられ，臓器の大部分が照射された場合では，より低い線量で障害が発生する。放射線障害として 30 ～ 40 Gy で肝炎が発症する。分割照射による被ばくで 2 週間～ 3 か月後に肝肥大や腹水症が起こるしきい線量は 30 ～ 32 Gy より低いとされている。肝臓の場合も血管障害が主で，肝内にうっ血や血栓，出血が起こり，肝細胞が萎縮して肝不全を起こす。肝は再生機能が大きいので，肝の一部だけ照射した場合は，残った組織が増えて障

5.4 主たる組織の放射線障害の特徴　103

害を受けた部分を補う。

〔3〕 心　臓

心臓の放射線障害で多いのは心膜炎である。分割照射 40 Gy で，数か月ある いは数年後に，心嚢液がたまり心臓を圧迫する。心嚢液は自然に吸収されて消 失する場合が多いが，ときに，心膜腔内に心嚢液が多量に充満することで心拍 動が制限され循環不全に陥ってしまう心嚢炎や心臓破裂の心タンポナーデを起 こし，慢性収縮性心膜炎に移行する場合がある。60 Gy 以上で心不全に移行す ることがある。心筋障害は分割照射の場合 45 〜 55 Gy でみられるが，これら は心筋内の小血管障害によって虚血性心疾患をきたしたものである。心臓の筋 肉は非常にゆっくりとした方法でしか再生できない。せいぜい 1 年で 1 ％の 細胞の再生ができる程度である。

〔4〕 甲 状 腺

甲状腺は首の部分にあり，成人では潜在的生成系で放射線感受性は比較的低 い。しかし，頸部への放射線治療で高線量を受けた患者などでは甲状腺機能低 下が起こる。また乳小児期の甲状腺は放射線感受性が高く，低い線量でも機能 低下を生じる。このように，成人と小児との放射線感受性の差が著しいことが 甲状腺の特徴である。

甲状腺は甲状腺ホルモンを作っていろいろな臓器に提供している。ホルモン の量が一定であるのが重要で，少ない量だと活動性が低下，多いと過剰な活動 になってエネルギーを必要以上に消耗する。甲状腺ホルモンの特別な点は，通 常からヨウ素を蓄積していることである。一般的には自然界に存在するヨウ素 127（食物に混在している）が使われるが，原子炉内に存在するヨウ素 131 も 吸収する。ヨウ素 131（半減期が 8 日）は放射線を放出してキセノンという物 質に変化するが，甲状腺はヨウ素 127 と 131 の区別なく蓄積する。小児細胞 の生成は，大人に比べて活発（細胞分裂頻度が高い）であるために放射線によ る DNA 損傷の機会が多くなる。結果として DNA の突然変異が発生してがん の誘発につながる。

6

放射線の人体への影響

6.1 被ばく線量と障害

6.1.1 被ばく線量と人体の影響

　生体に対する放射線被ばくでは原子・分子レベルでの物理学的，化学的過程を経て細胞に損傷が与えられる。生体内では正常な状態を一定に保とうとする恒常性機能が備わっており，外部ストレスに対しては，発生した活性酸素・フリーラジカルを体内成分で無力化し，発生した細胞損傷の修復や異常細胞のアポトーシスへの誘導などにより正常な状態を維持している。しかし，正常組織における細胞損傷の程度が回復能力を上回ったとき，組織レベルでの機能は低下し，最終的に個体レベルでの有害事象として影響がみられる。

　低線量放射線の健康リスク，原爆・原発などを想定した高線量における人的被ばく災害などについて，国際放射線防護委員会（International Commission on Radiological Protection，ICRP）は放射線防護の理念や被ばく線量限度を提起している。ICRP の考え方をいくつか列挙する。

〔1〕　低線量放射線の健康リスク（危険度）について

① 　吸収線量が約 100 mGy までの吸収線量域では，どの組織も臨床的に問題となるような機能障害は認められない。

② 　低線量の影響は等価線量が約 100 mSv より低い線量では免疫学的手法ではがんリスクの有意な増加は認められない。

6.1 被ばく線量と障害　　105

③　がんによる死亡リスクは 1 Sv 当り約 5 ％である。

④　放射線防護・放射線管理の立場から，どんなに低い線量であっても，が
　　んのリスクは線量の増加に比例して増加するものと仮定する。

〔2〕　被ばくによるがんリスクについて

低線量率被ばくによるがんリスクの増加は高線量率の被ばくの半数であると
仮定する。

〔3〕　外部被ばくと内部被ばくについて

外部被ばくと内部被ばくは「シーベルト〔Sv〕」で表せば両者とも影響の大
きさは同じである。

〔4〕　放射線被ばくを伴う行為

放射線被ばくを伴ういかなる行為も，その導入が正味でプラスの便益を生む
のでなければ採用してはならない。

〔5〕　人間活動の行為と介入

行為は全体としての人の被ばくを増加させることになる人間活動（原子力エ
ネルギー利用，放射線診断など）であり，介入は既存の被ばく要因に対抗して
その被ばくを低減させる目的の人間活動（屋内退避，避難など）である。これ
をさらに進めて計画被ばく状況，緊急時被ばく状況，現在被ばく状況というす
べての制御可能な被ばく状況への三つの基本原則を適用した。

これらの勧告をもとに，高線量被ばく，低線量被ばくでどのような人体的影
響があるのかを図示する（図 6.1）。被ばくに関連して注目する点のいくつか
を列挙する。

・自然界や医療機器から浴びる放射線を除き，一般の人が人工的に浴びる放
　射線量の限度は年間 1 mSv である。

・国は 1 年間の累積放射線量が 20 mSv を超えそうな地域を「計画的避難区
　域」とした。これは ICRP の勧告をもとに決めたものである。

・ICRP は放射線防護の点から平時の上限は一般人で 1 mSv としている。た
　だし，原発事故などの緊急時は 20 ～ 100 mSv の範囲内で対策を取るよう
　勧告している。

6. 放射線の人体への影響

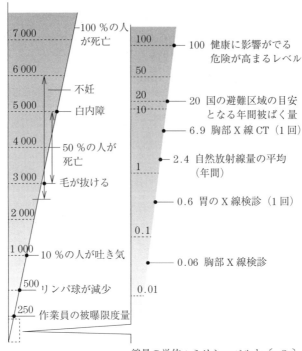

線量の単位：ミリシーベルト〔mSv〕
国際放射線防護委員会（ICRP）などによる

図 6.1 被ばく線量と人体的影響

・年間数 10 mSv の被ばくで長期的にどんな健康への影響があるか明確にはわからないが，低い線量でも低いなりにわずかな健康影響のリスクがあるという仮説に立って，放射線の影響から身を守る規制ができている。
・広島や長崎の被爆者への免疫調査では，被ばく量が 100 mSv を超えなければ，体に明確な影響は出ないとされた。100 mSv でがんになるリスクが1 000 人につき 5 人増える，と ICRP は試算している。

6.1.2 急性死の被ばく線量と生存時間

大量の放射線を全身に浴びると生物は死ぬ。人は 1 000 Gy 以上の放射線で即死する。これは分子レベルでの障害によるもので，分子死と呼ばれる。100 Gy

6.1 被ばく線量と障害　　107

の被ばくでは数時間から数日で死亡する。これは脳障害によるもので脳死と呼ばれる。10 Gy では 1 〜 2 週間でほとんどの場合，死亡する。これは腸管の障害が原因の腸管死である。

〔1〕　分　子　死

数 100 〜 1 000 Gy 以上の高放射線量の被ばくを受けて数時間以内に死に至るが，酵素の不活性化やタンパク質の変性が起こり生命活動が停止するためと考えられる。

〔2〕　脳　　　死

脳の障害が原因とみられる死であり，頭痛やおう吐，けいれん，こん睡など脳圧亢進症状が現れて，数 10 〜 100 Gy の被ばくで，数時間から数日で死に至る場合が多い。脳の血管透過性が上昇することによる脳浮腫が原因と考えられる。

〔3〕　腸　管　死

5 〜 20 Gy の被ばくで 1 〜 3 週間以内に発生する。被ばく後 2，3 日で下痢，腹痛，食欲不振などの消化器症状が現れ，次第に水様性下痢，下血に移行する。生存期間の線量依存性が少なく，個体差も少ない死の様式である。小腸の腺窩細胞の再生が停止し，小腸上皮が脱落したままで新しい上皮の補充がなく，粘膜が露出してしまうためである。

〔4〕　骨　髄　死

2 〜 5 Gy の被ばくで 4 〜 6 週間で骨髄障害のために起こる。直接の死亡原因として血小板減少による出血であるが，それに白血球減少による感染症，出血と造血障害による貧血も加わる。

全身被ばくで線量が多い場合には，まず脳死があり，腸管死があり，骨髄死がある。骨髄死をまぬがれれば，急性死はまぬがれたことになる。骨髄死が半数の人に起こる線量は約 4 Gy である。

6.1.3　半致死線量（LD_{50}）

被ばくした個体の 50 ％が 30 日以内に死亡する線量を半数致死線量あるい

は半致死線量（lethal dose$_{50/30}$, LD$_{50/30}$）といい，個体の放射線感受性の指標としている。動物では照射後30日における死亡率で評価するのが一般的である。この時点までに死亡する者は死亡し，それ以上観察期間を長くしても死亡率に大きな変化がない。ただし，ヒトでは生存期間がもう少し長いため，観察期間を60日としたLD$_{50/60}$（被ばく後60日で50％が死に至る線量）が指標として使われる。前項の骨髄死ではLD$_{50/60}$が約4 Gyとなる。一般に被ばく後に医療管理が施されない場合のLD$_{50/60}$は約3.3〜4.5 Gyである。この被ばく線量での死因はおもに造血器の障害であり，抗生物質，抗菌物質，血液製剤や栄養などの医療管理が行われる場合，LD$_{50/60}$は6〜7 Gyに改善される。

LD$_{50/60}$値は個人や年齢によって異なる。子供や老人は若い人より感受性が高い。したがって半致死線量は若者より小さい。動物の種によっても大きく異なる。一般に小動物はLD$_{50/30}$が大きい。つまり，放射線感受性が低い。

6.2　早期放射線障害

急性死以外にも全身被ばくの線量に応じたいろいろな人体的影響がみられる。よくみられる症状には，血液変化と宿酔症状がある。血液変化については，すでに白血球やリンパ球に関して5.4節に説明した。

1 Gyの全身被ばくで一部の人に，悪心，頭痛，倦怠感など宿酔症状といわれる症状が現れる。1.5 Gyでは50％の人に宿酔症状が現れる。被ばく直後ないしは数時間後に現れ，数時間から数日間続く。症状はきわめて多彩で個人差があり，不定愁訴と表現されることもある。最も多い症状は倦怠感と食欲不振である。

放射線宿酔は被ばくによって起こるいろいろな組織や器官の変化が合わさって現れる症状であるが，特に血管透過性の変化による水分バランスや電解質バランスの異常，ホルモンバランスの異常，破壊された細胞や組織を処理するための生理的反応などが考えられる。

6.3 後期障害（免疫力の低下）

　全身被ばくによる後期障害で重篤なのは，骨髄障害で起こる再生不良性貧血，眼の水晶体における白内障，肺に起こる肺線維症などであるが，これらについては5.4節で述べているので，ここでは免疫力の低下について考える。

　免疫機構は自己監視機構あるいは生体防御機構といわれるもので，非自己を認識し，自己にとって有害なものを排除することで，自己を防衛する機構である。免疫機構は免疫細胞の役割が優れて大きい。

　病原体と戦う免疫力を発揮する免疫細胞の主体は白血球で，マクロファージ，リンパ球，顆粒球から構成されている（表5.2，図5.1）。その中でリンパ球細胞は，免疫機構の中心的役割を果たしている。大食細胞であるマクロファージは，細菌や異物を感知して，リンパ球に信号を出すと同時に自身で貪食する。さらに，リンパ球のT/H細胞と共同でサイトカイン（細胞間情報伝達・制御物質）を体内に放出する。このようなマクロファージとの連携のもとでリンパ球細胞を中心に，がん細胞やウイルス感染細胞に対処する（**図6.2**）。

　免疫細胞は放射線に弱くて死亡しやすいことが知られる。これは成熟T細胞とB細胞に誘発されたアポトーシスや単球および顆粒球の前駆体である骨髄幹細胞とNK細胞の致死的な障害によるものである。なお，NK（natural killer）細胞はつねに血液やリンパの中を巡回している防御細胞である。つねに体内を巡回しているため，本格的な免疫系が反応して機能を発揮するよりもずっと早く，がん細胞やウイルスに感染した細胞をみつけて破壊することができる。しかも，NK細胞は，ウイルスやがん細胞の種類にかかわらず細胞を認識して殺すことができる。免疫機構は，細菌が体に侵入すると，有害な外敵と判断し，それを攻撃する体制ができて細菌を排除する。この反応が免疫の一次応答である。2度目に同じ細菌が侵入したときは，記憶機能が働いて即座に攻撃体制ができる。この反応が二次応答である。

110   6. 放射線の人体への影響

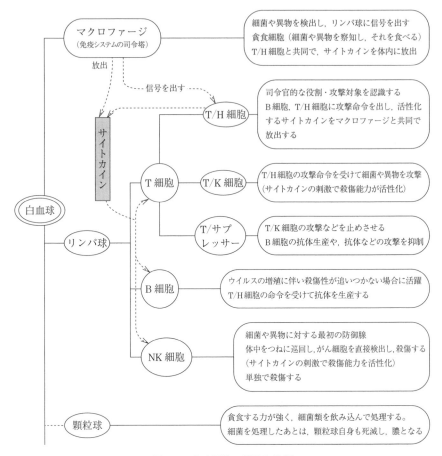

図 6.2　免疫細胞の機能と役割

　リンパ球，特に B 細胞は放射線感受性が非常に高い。その他の免疫因子（**表6.1**）に対しても，放射線は抑制的に働くので，一般的には放射線は免疫能を低下させる。

　二次応答よりも一次応答のほうが抑制されやすい。免疫力が低下すると，いろいろな疾患に対する抵抗力が弱くなり，健康状態では発病しないような弱い菌で重症感染症になる。

表 6.1 免疫に関与する因子

細胞または器官	因 子
免疫器官	胸腺，リンパ節，骨髄，脾臓，虫垂，バイエル板
免疫細胞	T 細胞，B 細胞，マクロファージ
その他の周辺	好中球，NK 細胞
免疫グロブリン	IgG，IgM，IgA，IgE，IgD
補 体	抗原と結合した抗体に作用する血清中のタンパク群
細胞産生物質	インターロイキン，インターロイキン-1，インターロイキン-2
皮膚・粘膜	ウイルスや細菌の侵入を防ぐ
消化管・気管などの上皮組織	ウイルスや細菌の侵入を防ぐとともに，繊毛によって異物を体外に排除する

　免疫反応の一つとして拒絶反応がある。これは臓器移植をはばむ問題の一つである。健全な免疫機構は非自己を排除しようとする。臓器移植に際して，受入側（宿主側）の反応として，移植された移植臓器や移植片を排除しようとする HVG（host versus graft）反応と，移植臓器あるいは移植片の反応として，宿主に対して起こす GVH（graft versus host）反応がある。このため移植臓器あるいは移植片は拒絶されることが多い。このような拒絶反応を抑制するために放射線照射が行われる。移植前に全身照射をしたり，移植後に移植部に照射したり，移植片に照射してから移植したりする方法がとられる。

6.4　放射線の胎児への影響

　受精卵（妊卵）は卵管内で分裂を繰り返し，桑実胚となって受精から 6 ～ 9 日で子宮腔内に到達する。妊卵は桑実胚から胞胚となり，子宮内膜に着床する。着床は受精から約 12 日で完了する。胞胚の胎芽が分裂して器官を形成し，受精後約 8 週で全器官がほぼ完成，胎児の形となる。その後，器官は成長し，機能も発達して，完成した胎児となり出生する。受精卵から出産までの胎児発育経過を**表 6.2** に示す。

112   6. 放射線の人体への影響

表6.2 妊娠から出産までの経緯（概要を示す）

妊娠月数	1	2	3	4	5	6	7	8	9	10
週数〔W〕	0〜3	4〜7	8〜11	12〜15	16〜19	20〜23	24〜27	28〜31	32〜35	36〜40
身長	1 mm		9 cm	18 cm	20〜25 cm		35〜40 cm	40〜43 cm	45〜48 cm	
体重	1 g		40〜50 g	120 g	250 g		1 200 g	1 500〜2 000 g	1 900〜2 500 g	
特徴	排卵受精	着床 ←胎芽→		胎盤が完成	安定期に乳腺発達	体動を感知				出産直前
		*1	*2	*3				*4		*5

*1：生理が止まり，妊娠の初期症状を感じ始める時期。胎芽には臓器が作り始められ，心臓も動き始める。7 W で UCG による心拍が確認できる。
*2：胎芽が胎児と呼ばれるようになる。
*3：流産の危険（リスク）が下がる。
*4：頭部が下にさがり定位置に収まる。
*5：44 W で出産になる。内臓器官が完成し，皮下脂肪が増加，身長は50 cm，体重は2 600〜3 200 g に成長する。

6.4.1　着床・器官形成期の障害

　妊娠の全期間を通じて，放射線被ばくは胎児の発育障害や成長障害，機能障害をもたらす。妊娠初期の被ばくでは形態的奇形を伴うことが多い。妊娠期間中のどの時期の被ばくでも，胎児の遺伝的影響や発がんの可能性が高い。それは，胎児期の細胞分裂が最もさかんなことを考えれば当然である。その中でも，着床までの期間は最も放射線感受性が高く，0.1 Gy ほどで胚は死ぬ。この時期には異常を持ったまま妊娠を継続することはなく，着床もできない。異常が発生すれば自然に妊娠は中絶される。受精後約2週から8週の間を器官形成期という。胎芽が器官を形成して胎児の形を作る時期である。この時期は，刻々といろいろな器官が形成されているので，どの器官が作られているときに被ばくしたかで障害の現れる部位が決まる。

6.4.2　胎児成長期の障害

　胎児が生存できないような異常が生じれば胎内死亡が起こる。胎内で生存で

きても，出生後は生存できないような異常が起これば新生児死亡となる。無脳児や小頭症などの脳形成の障害，心臓そのほかの内臓奇形，四肢，指，そのほかの骨格異常などが起こりやすい。0.1 Gy 以上で奇形が発生する可能性があり，0.25 Gy では約 10 ％の確率で奇形が発生するといわれる。2 Gy 以上ではなんらかの奇形が必ず発生するといわれる。胎児の脳，眼球，視覚器官，口蓋，歯，外性器などが完成するのには 15 週くらいまでかかる。したがって，胎内被ばくでみられる奇形は脳神経系，眼球，骨格，内臓などの広い範囲に発生している。

受精後 8 ～ 15 週で器官の形成はほぼ完成するが，その後，知能や精神的機能，感覚器や各器官の機能，特に肺や肝，内分泌腺の機能などは出生まで発達し続ける。この時期に被ばくすると，各器官の成長障害や機能障害となって現れる。0.5 ～ 1 Gy の被ばくで障害が発生する可能性がある。このような障害は薬剤や栄養障害，胎盤の血流障害などでも起こるので，放射線被ばくだけが原因と決めつけるわけにはいかない。

6.4.3　胎児の血液循環と免疫

胎児は 9 ～ 10 週ころには免疫能を持っており，免疫グロブリン（Ig）を産生する能力がある。免疫グロブリン G（IgG）は胎盤を通して母体より移行される。Ig は抗原刺激を受けた B 細胞系細胞が分化・熟成して産生する血漿タンパク成分で免疫機構を持っている。細胞性免疫では，T 細胞は胎児 12 週ころに脾臓に，20 週ころに末梢血中に存在し，B 細胞は 11 週ころに脾臓に認められ，20 週ころまでには特異抗体の産生が可能になる。

胎盤を通じて母体から IgG を受けるが，IgG の移行は 7 か月をすぎると急激に増加する。IgG 分画には麻疹，風疹，水痘などに対する抗体が含まれており，母体がこれらの疾患に羅患していれば，移行してきた抗体により胎児は防御される。母体（自己）と胎児（非自己）の接点は胎盤にある。卵膜の一番外側は母親由来の脱落膜で，その内側には胎児由来の絨毛膜と羊膜が順番に接してできている。胎児の血液は臍帯を通って胎盤に達し，胎児由来の絨毛膜を介して

ガス交換などを行っている（**図 6.3**）。しかし，この絨毛膜を介して胎児と母親の血液が混ざりあうことはない。胎盤が免疫の障壁になっているからかもしれない。

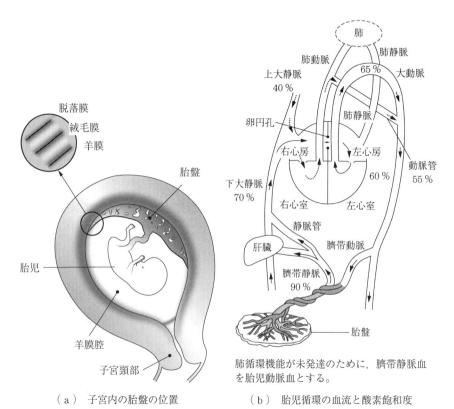

（a）子宮内の胎盤の位置　　　　　　（b）胎児循環の血流と酸素飽和度

図 6.3　胎児血液の循環

　母親と胎児は自己と非自己の関係であるから，妊娠中の母体の血液中には胎児が持っている父親由来の HLA（ヒト白血球型抗原）に対する抗体が検出されている。受精卵が子宮に着床する母親の免疫系に影響を及ぼす何らかのシステムが誘発されるため，胎児を排除しないで，10 か月もの間，胎内で育てることができる。このような現象を免疫容認という。具体的には，受精卵が着床すると，発達中の脱落膜間質細胞の遺伝子に変化が起き，T 細胞が誘引されな

くなると考えられる。このように後天的に遺伝子の発現が修正されることで，脱落膜に部分的な免疫不全が起こるのだといわれている。この機能が正常に働かないと，免疫細胞が胎児と母体の境界へと集まり，早産，流産，子癇などを含むさまざまな合併症の原因となるとされている。

　胎児の造血の場は，卵黄嚢，肝臓，脾臓を経て骨髄へ移動する。胎児肝での造血は胎齢4～6週に開始され，3～6か月ころには肝臓が造血の中心となる。同時に脾臓での造血が始まる。骨髄での造血は5か月ころから始まり，8～9か月には肝臓に替わり造血の中心になる。胎児の造血ならびに血液循環は，肺機能を除いて自己完結型である。羊水に浮遊している胎児は，肺呼吸はできないので胎盤でガス交換を行う。

　胎盤でのガス交換の様子を模式的に図6.4に示す。母体面では，子宮筋層から脱落膜を貫くらせん動脈が絨毛間腔に開口し，動脈圧により絨毛膜板に向かって血液を流出する。絨毛間腔で胎児との物質交換を行った血液は子宮静脈を介して母体循環に戻る。胎児側では2本の臍動脈が羊膜下で分枝して絨毛幹

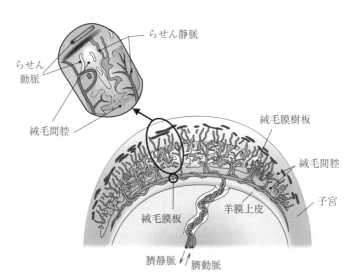

胎児の血管は下方より胎盤に流入して分岐する。母体の血流は
絨毛間腔に流入する。臍帯血流は絨毛間腔でガス交換を行う。

図 6.4　胎盤の構造

116   6.　放射線の人体への影響

に入り，毛細血管となり絨毛末端まで分布する。絨毛末端では，胎児血は絨毛上皮を介して母体血に CO_2 などの老廃物を排泄し，母体から O_2 や栄養物などを吸収する。絨毛上皮を介してのガス交換，母体からの栄養供給が行われるので，母体血液と胎児血流は混合しないことが理解できる。

6.4.4　胎児の画像診断

　妊娠中の放射線被ばくは絶対に避けなければならない。産科分野での X 線撮影は非常に慎重を要する。妊娠初期で，まだ妊娠が確定できない時期に X 線撮影による被ばくを受けてしまうことがある。例えば，胸部単純 X 線撮影で 0.06 mGy，胸部 X 線 CT で 6.9 mGy，胃の X 線撮影で 0.6 mGy の放射線を照射される。妊娠初期の被ばく 0.1 Gy で胚は死亡する。胚が必ず死亡するレベルからみれば X 線撮影はわずかな線量と評価されるが，影響を無視することはできない。この時期には異常を持った妊娠が継続することはなく，着床もできない。異常が発生すれば自然に妊娠は中絶される。被ばくしたにもかかわらず胚に異常がなければ妊娠は継続する。これはゼロかイチかの関係である（all or none の法則）。このことから，X 線撮影での放射線レベルを軽視してはならない。妊娠可能な女性の放射線検査は，妊娠している可能性がない時期に行われなければならない。

　現状では，妊婦の検診はすべて超音波による検査である。児齢 6 週で胎児の心拍動が超音波心音計で聴取できる。胎児の成長の過程は超音波画像で十分に撮影できる。5 週での卵黄嚢形状の撮像から始まり，身長，予測体重，児頭大横径の測定や骨格・臓器の奇形，無能症などの異常の検出が可能である。止むを得ず胎児奇形などの手術を子宮内で施行する場合に，MRI の撮像が必要となるが，これも非常にまれな処置である。

6.5　発がんのリスクと遺伝的影響

6.5.1　リスクの高い疾患

　発がんのリスクとは発がんの危険度あるは危険性とでもいうもので確率的，統計的な意味を含んでいる。発がんは確率的影響であるので，原則としてしきい線量がないから，どの線量を超えると発がんするという表現でなく，ある一定の集団中に，一定の期間内に一定線量当りどれだけの発がんリスクがあるかという表現をする。これは単位集団当り，単位線量当り，対象群に比べて被ばく群では発がん件数が何件増えたか，あるいは何割増えたかを表現する。がんの発生率や発生件数を免疫学的に評価するとか，線量や線質（LET などの）に関係する評価法もあり，時間経過を考慮することも重要である。

　放射線被ばくで人体すべての器官の発がん率が一様に上がるわけではない。放射線で発がんしやすい器官とそうでないものとがある。器官による発がんリスクの違いに関する情報も疫学調査に基づいているが，調査中の集団の中にはまだ発がん年齢に達していない人たちもおり，調査がさらに進めば将来書き換えられる可能性もある。

　リスクの高い疾患に白血病がある。血液の幹細胞が白血球に分化するまでのある段階で細胞ががん化して異常増殖するのが白血病である。白血病は放射線で起こりやすいがんではあるが，他のがんに比べて特別に高率で起こるものではない。白血病においては被ばくから発病するまでの潜伏期間が短いため，放射線との関連がより顕著にみえる。白血病には，骨髄性とリンパ性，急性と慢性など分類上いくつかの病型があるが，このうち慢性リンパ性白血病だけは放射線で誘発されにくい。白血病の潜伏期は短く，被ばく後2～3年後から増加し始め，6～7年後にピークになる。

118   6. 放射線の人体への影響

白血病以外の固形がん（がん細胞がかたまり状で増殖するようながんの総称）のうち，放射線と特に因果関係の高いのは，乳がん，甲状腺がん，肺がん，胃がんなどである。白血病と胃がんを比較すると，胃がんの過剰絶対リスク（がん発生件数が放射線で増加した分は，そのがんの自然発生率と関係なく一定）は白血病より大きい。ところが，過剰相対リスク（過剰の発生件数はがんの自然発生率に依存し，自然発生率が年齢とともに増加する）で評価すると，白血球のほうが胃がんよりきわめて大きい。これは自然発生率の違いによるものである。すなわち，一般集団での胃がんの発生率はもともと高く，白血病の発生率は低い。過剰絶対リスクが高いということは，放射線によって増加した発生件数の絶対値は胃がんが白血病より高いことを意味している。一方，白血病の自然発生率はもともと低いから，これを分母にとると，放射線によって増加した発生件数の絶対値が低くても過剰相対リスクは胃がんのものより高くなる。

6.5.2 発がんリスクに影響する生物学的因子

放射線発がんに影響する生物学的因子として，被ばく時の年齢，性差などの要素を考えてみよう。

被ばくしたときの年齢は，がんの発生率に大きく影響する。白血病でもそれ以外のがんでも，10歳未満で被ばくした場合には，それ以上の年齢で被ばくした場合に比べて発がん率は明らかに高いことがわかっている。その傾向は白血病で顕著である。すべてのがんを含めても，幼児・小児期に被ばくした場合の発がん率は，成人期に被ばくした場合に比べて2～3倍高いといえる。

性別に関しては，従来から放射線発がんのリスクは男性より女性が少し高いとされてきた。がんの自然発生率と放射線発がんのリスクを男女間で比較すると，白血病の自然発生はもともと男性のほうが高いから，放射線で誘発された白血病の絶対件数は男性が上回っているのに，過剰相対リスクではその関係は逆転している。UNSCEAR（United Nations Scientific Committee on the Effects of Atomic Radiation，原子放射線の影響に関する国連科学委員会）1994年報告書に表現されているすべてのがんの総計を見ると，放射線がんの相対リスクは

男性より女性がほぼ20 %程度高い。これは放射線感受性が男性と女性とで異なるのではなく，ホルモンなどの影響によると考えられる。

6.5.3 発がんの遺伝的影響

ヒトには3〜4万程度の遺伝子があると推定されている。どの遺伝子に有害な突然変異が起こっても，なんらかの遺伝的障害が出てくる。同じ遺伝子上の突然変異であっても変異の種類が違うと，現れる障害の様態は異なる。すなわち，ヒトには遺伝子の数だけあるいはそれ以上の数の遺伝病があることになる。ただし，その遺伝子が変異を起こすと生存できない場合には，生まれる前に淘汰されてしまうので，遺伝病として現れない。現在までに1万種類ほどの遺伝病が知られているが，放射線によって特定の遺伝病の発生率が増加したという明らかな事例はこれまでに知られていない。しかし，ヒトが放射線被ばくしても遺伝子的影響は起こらないということではなく，現在の検出法では検出できないということである。

被ばくしたヒト集団を対象にした免疫学的調査も進められている。広島・長崎の原爆投下直後から多くの免疫調査がいろいろな面で行われてきているが，被ばく者から生まれた子供に奇形が多いという報告はない。被ばく者では染色体異常を示す頻度が非被ばく者より高いことが報告されているが，染色体異常がただちに病気と結び付くものではない。また被ばく者の子供には染色体異常はみられていない。免疫学的調査は5〜6世代まで追跡しないと結論は出ないという考え方もある。

7

放射線によるがん治療

7.1 腫瘍組織の放射線感受性

7.1.1 良性腫瘍と悪性腫瘍

　腫瘍は良性腫瘍と悪性腫瘍に分けることができる。辺縁が明瞭で局所でのみゆるやかに成長し，予後によい腫瘍は良性とされる。辺縁が不明瞭で腫瘍細胞が周囲細胞内に組織を破壊しながら成長する腫瘍は悪性と呼ばれる。悪性腫瘍は分裂や分化についての統制，細胞間の相互認識などの能力が失われている。すなわち，腫瘍の増殖は合目的でなく自立性を持ち，そのため腫瘍は宿主の制御を受けないで無限に増殖する。周囲には浸潤性に増殖し，遠隔部には転移を起こし，ついには宿主を死亡させる。腫瘍細胞は，一般に2～3日で1回細胞分裂を起こすことが知られている。急速な発育をして予後が不良なものが悪性腫瘍といえるが，ゆっくりと成育する腫瘍であっても生命維持に重要な臓器では臨床的に悪性となる。例えば，脳腫瘍は硬い頭蓋骨に囲まれた限られた空間にあるため，腫瘍が小さくても周囲の正常脳を圧迫し，機能障害をきたすため生命に危険を及ぼす。

　良性腫瘍の特徴は，発育速度は遅くて時が経てば止まり，転位はなく，体への影響は軽度で局所的である。腫瘍の形は単調で，細胞密度は少々密で分裂像は少ない。これに対して悪性腫瘍の特徴は，発育速度は中程度から高度に速く，浸潤性増殖に富み，身体へは重度で全身的影響があり，腫瘍形態像は多様で，

分化度は低分化ないし未分化，腫瘍核は大きく，分裂像は多い。

がんには「分化度」という表現がある。これは，がん細胞がどのくらい元の正常な細胞の特徴を残しているかを示すもので，分化度が低ければ低いほど悪性度は高くなる。生体は本来一つの受精卵から始まり，それが細胞分裂を繰り返す中で，さまざま機能を持つ細胞へ変化する。これが「分化」である。さらに，分化の進行度合によって分化度と表現される。ある器官の細胞が成熟していればいるほど分化度は高くなり，未成熟であればあるほど分化度は低くなる。分化度の低い細胞ほど，完成形から遠いために早く細胞分裂をするので，増殖が速いのが特徴である。細胞がまったく成熟しておらず，なんの器官にもなっていない場合を「未分化」という。

がん細胞に高分化，中分化，低分化の違いがある。高分化がんは，正常な情報を多く残したまま細胞分裂しているため，増殖の速度はゆっくりで，悪性度が低い。中分化，低分化になるほど細胞分裂の速度が速くなり，浸潤・転移がしやすくなる。特に未分化がんは，どの細胞から発生したかすら確認できないほど情報が乏しいがん細胞なので，増殖は速く，悪性度は最も高くなる。

7.1.2　悪性腫瘍の転移

悪性腫瘍で最も特徴付けるのは浸潤と転移である。局所再発は浸潤と播種によって起き，転移は遠隔再発でもある。転移とは腫瘍細胞が原発巣から分離して遠隔部に移動し，そこに定着して増殖し二次的な腫瘍を形成することをいう。原発巣のがんは周囲へ直接浸潤しつつ増殖し，リンパ管や血管といった脈管に浸潤し，さらに増殖した腫瘍細胞はリンパ液や血液に乗って下流へ運ばれ遠隔部位に留まり，そこでまた増殖を始める。リンパ流に乗った転移をリンパ行性転移，血液に乗った転移を血行性転移という。

リンパ管は単層の内皮細胞で構成されており，管壁がきわめて薄い管腔組織なので，がんは物理的に容易に内皮細胞の結合を突き破ってリンパ管内腔に到達しうる。同時にリンパ管外縁からがん細胞によりプロテアーゼ（タンパク質やポリペプチドの加水分解酵素）放出によって内皮細胞は破壊される。リンパ

122 　　7．放射線によるがん治療

液に乗ったがん細胞はあるリンパ節に留まってリンパ節転移を形成し，さらに下流へ向かいながら広い範囲へと進んでいく。がんによってはリンパ節転移が一定の順序で起こることが観測されている。例えば，肺がんはまず気管支・気管リンパ節，横隔リンパ節へと広がる。乳がんでは腋窩リンパ節へ転移するルートと内胸リンパ節（傍胸骨リンパ節）へと波及するルートがあり，これらは鎖骨上・下リンパ節で合流する。リンパ液は最終的には胸管か左鎖骨下静脈角より静脈系に流入し，血行性転移移行して他の部位へ流れていく。したがって，鎖骨上腔リンパ節の転移は血行性転移があることを示唆している。

　がんの広がり方で血行性転移というのはつぎのように説明されている。まず，原発巣からの増殖を開始したがん細胞は浸潤性を持って周囲組織に広がった結果，リンパ管への侵襲と同時に毛細血管や小静脈の内腔に達する。血流によって下流に運ばれ，腫瘍塞栓として他臓器の血管網に生着し，そこでさらに増殖して転移巣を形成する。これが血行性転移である。しかし，血管内腔に到達したがん細胞がすべて小塊として下流に流れ去り転移巣を形成するとは限らない。免疫機構が存在するため，転移巣を形成することなく死滅すると考えられている。これは NK 細胞や活性化マクロファージなどの攻撃による破壊と考えられる。血流に放出されたがん細胞は大循環により容易に心臓にたどりつくが，その後小循環により肺に導かれる。肺の毛細血管を通過したがん細胞は肺静脈を通って心臓へ戻り，やがて全身へとばらまかれる。

　このほかに，がんの拡大には播種という現象がある。播種とは体腔表面に達したがんが直接体腔内に散らばり，あたかも種をまいたように飛び散って新しいがん巣を形成する現象である。腹腔，胸腔にはしばしばみられるもので，これによりがん性腹膜炎，がん性胸膜炎が引き起こされる。腹腔内の播種巣は炎症を起こし腹水貯留を招く。がん性胸膜炎は肺がんのほか，乳がんの胸腔内進展の際にもしばしば認められる。胸水貯留が生ずるので，呼吸機能が著しく抑制され，呼吸不全による死を招くことになる。

7.1.3 腫瘍の放射線感受性

腫瘍細胞の種類によって放射線感受性は異なる。例えば，扁平上皮がんは腺がんより感受性が高い。低分化型のがんのほうが高分化型より感受性が高い。組織が同じ腺がんでも乳がんは胃がんや甲状腺がんより感受性が高い。腫瘍組織の構築血管や間質の状態，腫瘍床の状態・宿主の免疫性の違いにより感受性が異なる。

腫瘍が大きいほど，無酸素細胞や静止細胞が多くなる。照射野が大きいほど正常細胞の障害が大きい。したがって腫瘍が大きいほど治りにくくなる。いくつかのがんの放射線感受性を比較すると，リンパ肉腫・リンパ性白血病は感受性が高く，細網肉腫，髄芽細胞腫，絨毛上皮腫，リンパ上皮腫などが高い範疇に属す。胸腺腫，扁平上皮がん，子宮体がん，乳がん，肺がん，甲状腺がんなどは中程度の感受性である。胃がん，前立腺がん，直腸がん，骨肉腫，線維肉腫などは低感受性のがんである。

7.1.4 分割照射と感受性

がん細胞は活発に増殖するだけでなく，異常な増殖をしながら周囲の正常組織を浸潤する。分裂・増殖が旺盛で，放射線誘導アポトーシスの頻度が高い。腫瘍の放射線感受性は，構成する腫瘍組織の感受性，間質細胞の状態，腫瘍の発生や広がりにより大きく異なる。一般的に未分化ないし低分化な腫瘍のほうが高分化な腫瘍より放射線感受性が高い。

分割照射は正常組織と腫瘍組織の回復力の差を利用した照射法である。一般に低 LET 放射線では，分割照射により腫瘍組織に対する治癒効果が悪くなる。しかし，腫瘍組織のほうが正常組織よりも照射による損傷の回復が悪いため，分割の回数を増やすことによって，正常組織と腫瘍組織の障害の差を広げることができる（**図 7.1**）。腫瘍組織は照射ごとに生存率は直線的に減少するが，正常組織は障害を受けた部分の損傷が修復されるので生存率の減少が腫瘍組織より少ない。なお，照射時間の間隔の大きさによって正常組織の修復率が変わるので，照射線量と分割照射時間間隔は重要な要因である。

7. 放射線によるがん治療

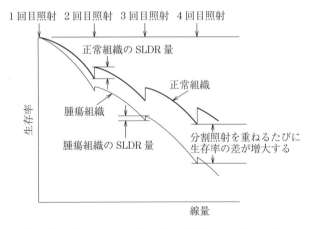

照射回数が増すに従って正常組織と腫瘍組織の生存率の差が大きくなる。この差は照射時間の時間間隔によって決まる。

図 7.1 分割照射による腫瘍と正常細胞の生存率差の拡大
〔文献 7〕p.183 図 9.3 を改変転載〕

腫瘍致死線量（tumor lethal dose, TLD）は 80 〜 90 ％の腫瘍が制御される線量で、例えば、精上皮腫、神経芽細胞腫、リンパ肉腫などは 35 〜 40 Gy、乳がん、卵巣がん、転移性リンパ腫瘍などは 50 Gy、頭頚部がん、骨肉腫、甲状腺がんなどは 80 Gy 以上の線量である。一方、正常組織耐容線量（tissue tolerance dose, TTD）は障害発生率が 5 ％以下に抑えられる線量と定義されるが、例えば、骨髄再生不良は 2.5 Gy、水晶体白内障は 5 Gy、肺線維症は 30 Gy、脳梗塞・壊死は 50 Gy、口腔粘膜の重度線維化や骨壊死・骨折などは 60 Gy である。

TTD は障害発生率が 5 ％以下に抑えられる線量で定義され、TLD は 80 〜 90 ％の腫瘍が抑制される線量で定義されている。この二つの効果と線量の関係を治療可能比としている（**図 7.2**）。すなわち、至適線量より低いと正常組織障害は出ないが腫瘍組織の制御ができず、高いと腫瘍は制御できても正常細胞組織障害の許容線量範囲を超えることになる。治療可能比（therapeutic ratio, TR）は次式で表せる。

$$治療可能比（TR）= \frac{正常組織耐容線量（TTD）}{腫瘍致死線量（TLD）} \tag{7.1}$$

7.1 腫瘍組織の放射線感受性　125

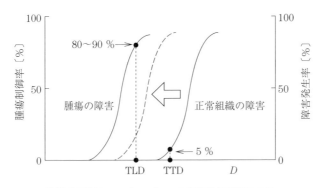

治療可能比は TTD/TLD ＞ 1 では治療が困難になる。
TLD が右へ，TTD が左へ移動すると治療は難しい。

図 7.2　治療可能比

　TR が 1 より小さいときは腫瘍を治癒させるのはたいへん難しい。腫瘍が大きくなると TLD は右へ，TTD は左に移動して治癒が難しい。逆に TLD が左方へ，TTD は右方へ動いたほうが治癒しやすい。TLD を左移動させるには，放射線増感剤や抗がん剤の併用，酸素効果の利用，温熱療法などの物理的増感などがある。TTD を右移動させるには，多分割照射法，低線量率照射法などによる時間的線量分布の改善や放射線防護剤，回復促進剤，免疫賦活剤，輸血・輸液などの正常組織の耐用量の増加，あるいは原体照射・定位放射線照射・三次元照射法，粒子線治療などによる空間的線量分布の改善がある。正常組織の障害が少なくできれば，障害がいままでと同じレベルでも照射線量を増加することができ，結果として治癒率を上げることができる。
　口腔粘膜，骨髄あるいは皮膚のように増殖の速い組織では早期障害が現れやすいので早期反応型組織，脳，肝臓，脊髄，腎臓，肺のように増殖が遅い，あるいは増殖のない組織では後期障害が現れやすいので後期反応型組織という（6.2 節，6.3 節参照）。後期障害は回復しにくく治療が難しいため，放射線治療では後期障害をいかに抑えるかが最も重要になる。腫瘍組織は早期反応型の組織に近いと考えられる。1 回当りの線量を小さくして多分割照射をすれば，腫瘍に大きな障害を与えながら後期反応型の正常組織の障害を抑えることがで

126   7. 放射線によるがん治療

きる。

がんの放射線療法には標準的分割方法（1日に2 Gy，週5回照射で6週間），多分割照射法（1日に2回以上，4～6時間の間隔，1回当りの線量1.1～1.2 Gy），加速分割照射法（1回照射2 Gy，1日2回照射で全治療期間短縮），加速多分割照射法などがある。

放射線治療で時間と線量分割は大事な要素である。その中で，つぎの四つのR，すなわち回復(recovery)，再酸素化(reoxygenation)，再分布(redistribution)，再生（regeneration）が重要な因子とされている。

回復または修復（repair）にはSLDからの回復とPLDからの回復が含まれる（4.6節参照）。一般的には正常組織のほうが腫瘍組織より，よく回復する。それぞれの組織や腫瘍によって回復の程度が異なる。SLDからの回復は放射線治療を分割照射で行おうとするときに必ず直面する現象であるが，PLDからの回復は臨床的に不明な部分が多い。

再酸素化は，腫瘍内には酸素が十分含まない低酸素細胞が存在し，その低酸素細胞が腫瘍細胞の状態によって酸素を含む細胞になることをいう。腫瘍は必ず低酸素細胞を含んでおり，その割合は15％程度といわれる。無酸素または低酸素細胞は，有酸素細胞に比べると2.5～3倍の放射線抵抗性を示す。このため，放射線を腫瘍細胞に照射するとまず有酸素細胞が死滅する。すると，つぎの照射までの間に残存した低酸素細胞の一部に酸素が供給され有酸素細胞となる。これが再酸素化である。放射線照射と再酸素化を繰り返すことで，低酸素細胞も効率的に死滅させることができる。照射により酸素細胞が死亡して消失すると，低酸素細胞の外側部分は血管に近づき酸素が供給されて酸素細胞になり，低酸素状態にあったときよりも放射線感受性が増す（**図7.3**）。これが再酸素化を利用した分割照射の意義である。

再分布は，放射線によって細胞周期の分布の変化が生じることをいう。さまざまな細胞周期にある細胞からなる細胞集団に放射線を利用することにより，一種の同調化が起こる。細胞周期での放射線感受性は一定ではなく，G_2/M期

7.1 腫瘍組織の放射線感受性　　127

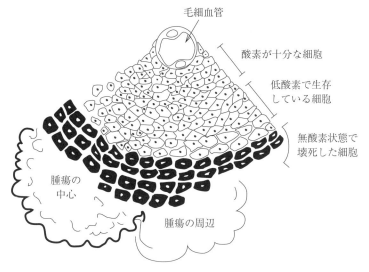

毛細血管から 150 μm 以上離れると無酸素細胞になる。

図 7.3　腫瘍細胞近傍の血流分布

が最も感受性が高く，S 期後期で最も低い。このような細胞の集団に放射線が照射されると，感受性の高い M 期，G_2 期の細胞は死滅し，生存していた抵抗性の S 期後期の細胞はつぎの周期に進行するが，放射線の線量，すなわち細胞の衝撃に応じて細胞周期の進行が停止して細胞の蓄積が生じる。これを G_2 ブロックと呼び，このようにある特定周期に細胞が集まる現象を同調という。G_2 期に集まった細胞は，この後一度に M 期へと進行するため，この時点でつぎの照射が行われると生存率の低下が生じ，効率的にがん細胞を死滅させることができる。同調後生存した細胞は，時間経過とともに元の細胞周期分布へと戻っていく。これを再分布という。

　再生は，分裂の速い組織では放射線によって細胞集団の喪失が起こるため，それを補う反応として生存細胞の再増殖が起こることをいう。腫瘍組織の再生は正常組織の再生より遅れて始まり，その再生速度も遅い。

7.2 放射線療法の種類

　放射線療法は放射線が生物の細胞を殺傷する作用を利用しているが，この作用は細胞分裂の盛んな細胞に対して効果が大きく，分裂が盛んながん細胞により大きな影響を与える。放射線治療はがん細胞内の DNA に損傷を加えることで，がん細胞の分裂と増殖が抑制されて壊滅する。放射線ががん細胞のみならず正常細胞にも損傷を与えてしまうが，がん細胞は損傷に対する回復能力が乏しいため，損傷から回復できないがん細胞だけを死滅させている。正常細胞は放射線の分割照射により損傷から回復する時間が与えられる。

　治療に用いられる放射線には，電磁波であるX線およびγ線と，粒子線である電子線，陽子線，重粒子線（炭素線，中性子線）がある。電磁波は粒子線に比べて生体内の透過力に優れているが，逆に粒子線はある深さまでしか到達しないという特徴がある。特に陽子線や炭素線は，一定の深さ以上には進まないことと，停止直前に線量が最大になるという特徴を持っており，X線に比べてがん病巣周辺の組織に強い副作用を起こすことなく，標的病巣に十分な線量を照射することが可能である。したがって，陽子線・炭素線治療で優れた効果を期待されるのは，深部の実質臓器に存在する限局した腫瘍である。炭素線は高 LET 放射線で，RBE が高く，通常の放射線治療では抵抗性の低酸素状態やDNA 合成期にある腫瘍細胞にも高い効果を示す。

　周囲の正常細胞への損傷を最小限にしつつ，がん細胞に十分な放射線を照射するために，がんの部位，大きさ，種類に応じて最適な治療法が選定される。治療法は外照射と小線源治療に分類される。小線源治療は病巣の内部あるいは近傍に放射性物質を置いて体内から放射線を照射させる方法である。この治療は密封小線源治療と非密封小線源治療の二つがある。密封小線源治療は，高線量率 ^{129}Ir（イリジウム 129：子宮・食道・気管支などへの腔内照射，舌・前立腺などへの組織内照射）と低線量率 ^{125}I 線源（ヨウ素 125：前立腺への永久挿入療法）が広く用いられている。非密封小線源治療は甲状腺がん，甲状腺機能

亢進症に対する ^{131}I（ヨウ素 131：β 線，γ 線），骨転移に対する ^{89}Sr（塩化ストロンチウム，β 線）が使用されている。

外照射療法に使用される代表的な装置は，X 線を用いるリニアックと γ 線を用いるガンマナイフ，荷電粒子線を利用する陽子線治療装置や重粒子線治療装置がある。近年では高精度放射線治療としての定位放射線治療（ピンポイント照射）が普及し，さらに画像誘導放射線治療が急速に広まり治療効果を向上させている。透視・撮影装置が装備された画像誘導放射線治療対応リニアックを利用して，治療台上での患者の設定誤差や腫瘍部の呼吸性移動をリアルタイムに確認し，照射位置を修正しながら正確な放射線治療を行うことができる装置が徐々に増加している。外部照射の方法は，1 門照射あるいは対向 2 門照射から三次元原体照射あるいは標的の生理的体内移動に対応した四次元放射線治療へと進展している。

7.3　ガンマナイフ

ガンマナイフは頭部定位放射線治療専用装置で，頭部格納部分に 201 個の ^{60}Co ガンマ線源が半球状（ヘルメット）に配置され，その線源の収束部に患部を設定し，脳腫瘍の治療を行う（**図 7.4**）。50 Gy くらいの 1 回照射で治療が終了し，定位手術的照射と呼ばれている。正常組織の回復とか線量分割といった放射線生物学的な考慮はなされず，いままで耐容線量を超えないようにしてきた放射線治療の発想とは異なる外科的な治療法といえる。

^{60}Co 線源はコリメータボディの外側に配置され，この線源からの放射線が 1 点の焦点に向かうように，固定コリメータおよびコリメータヘルメットが設計されている（**図 7.5**）。照射部位の大きさなどによりコリメータヘルメットを選択，交換して使用する。コリメータ内臓型はセクタと呼ばれる八つのセクションに分割され，セクタごとにコリメータサイズを任意に選択できるため，異なるコリメータサイズを組み合わせて，約 65 000 通りの照射野を作製できる。

7. 放射線によるがん治療

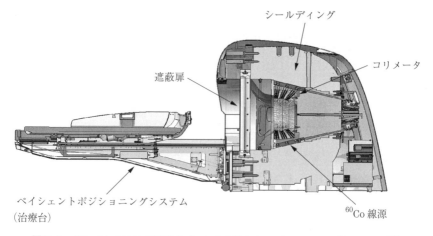

図 7.4　ガンマナイフの本体構造（エレクタ社 Leksell Gamma Knife® Perfexion™）

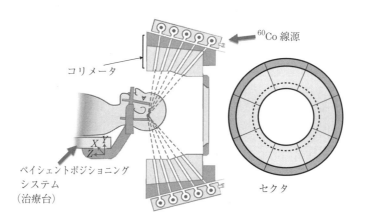

コリメータの外側に線源が配置される。内蔵型では 8 セクタに区分されている。
治療台は X, Y, Z 軸方向に移動可能である。

図 7.5　ガンマナイフのヘルメット構造（エレクタ社 Leksell Gamma Knife® Perfexion™）

　コリメータヘルメット交換型とコリメータ内臓型の焦点の機械精度はともに 0.5 mm 以下である。ヘルメット交換型は焦点が 1 点に固定されるため治療台を固定して照射するが，内臓型は治療台を三次元に自動的に移動して照射できるので自由度が大きく改善されている。その精度は 0.05 mm 以下である。

7.4 電子線・X線リニアック

7.4.1 装置の構成

リニアックは正確には線形加速器という意味の linear accelerator の略で，linac と表記しリニアックまたはライナックという。現在では高エネルギー放射線治療装置の代名詞になっている。この治療装置は電子線，X線を放出して，体外照射する機能を持っている。基本的な装置の構成を図 7.6 に示す。また，装置の構成ならびに構造概要を図 7.7 に示す。このリニアックでは電子を 25 Mev まで加速するため 250 cm の長さの加速管を採用し，装置全体の奥行を短くするために加速管を斜めに配置している。

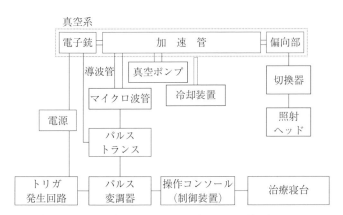

切換器で電子線を金属ターゲットに当てればX線が得られる。
リニアックはX線照射にも利用できる。

図 7.6　リニアックのブロック構成

一般的なリニアックは固定架台，回転ガントリ，操作コンソールに分けられる。固定架台は電源およびパルス変調器，回転ガントリでは電子銃，電子加速管，偏向部，照射ヘッドで構成される。初期の段階ではリニアックは電子照射を主目的にしていた装置が多い。電子線はエネルギーにより到達できる一定の距離（飛程距離）が決まっており，それ以上の深部領域には到達することがで

7. 放射線によるがん治療

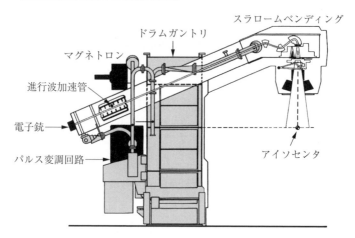

図 7.7 進行波型加速管を使用したリニアック（画像提供：エレクタ社）

きない特徴がある。実用飛程は約 1 MeV/(2 cm) である。ある深さまで到達すると，急激な線量減少があり，深部領域の腫瘍には届きにくいことになる。したがって，電子線での治療は，表在性の腫瘍や術中照射などに使用されるのが一般的である。

最近では，リニアックは加速された高エネルギーの電子線（電子ビーム）を標的の X 線用金属に衝突させて X 線を発生する方法と併用している。電子ビームモードと X 線モードが選択されて使用できるようになっている。スラロームベンディングと遮蔽能力に優れた MLC（マルチリーフコリメータ，multileaf collimator）を内蔵した小型の照射ヘッドを使用している。そのため，アイソセンタからの高さが 125 cm と非常に低く確保できて，患者セットアップ時の作業領域を確保するとともにより幅の広い範囲からの照射が可能になる（**図 7.8**）。X 線と電子線の使い分けは，電子線が約 4 〜 12 MeV のエネルギーで深さ約 4 cm の深さでの浅在性腫瘍を対象とし，X 線が 3 〜 6 MV のエネルギーで約 2 〜 10 cm 深さの頭部腫瘍などが対象になる。両者には治療効果に大きな差はないが，電子線は比較的浅い部位の病変を対象とし，特に病変の裏側に重要臓器がある場合には有効であり，臓器そのものが薄くて平板状であれば適応が可能である。

7.4 電子線・X線リニアック

図7.8 進行波型加速管を使用したリニアックの外観（エレクタ社装置，東芝メヂカルシステムズ株式会社提供）

7.4.2 加速管と電子ビーム偏向

加速管は電子のような軽い荷電粒子をSバンド帯あるいはXバンド帯のマイクロ波を用い，高周波の磁場を利用して電子を加速させる導波管の一種である。マイクロ波の位相速度を電子の速度に合わせることによりマイクロ波の加速度電界に乗った電子を連続的に加速する。電子銃（2極あるいは3極管の陰極からの放出電子）から加速管に入射した電子は約80 kVのパルス電圧で加速されると光速の1/2になり，約2 MeVではほぼ光速に近づく。医療用電子加速器は周波数約3 000 MHz，波長約10 cmのSバンド帯のマイクロ波を用いた進行波形加速管と定在波加速管が主流である。

電子ビーム偏向部は，4〜6 MVのX線専用のリニアックでは，30 cm程度の加速管で目的とするエネルギーが得られるので，加速電子ビームを偏向する機構を持たない。一方，10 MV以上のX線および20 MeVまでのエネルギーを持つ電子線の発生ができるリニアックは加速管が長くなるので，加速電子ビームを偏向して体軸に垂直な方向に照射が行われる。この偏向方法は偏向マグネットを使用し，270°偏向を行っている（**図7.9**）。

134   7. 放射線によるがん治療

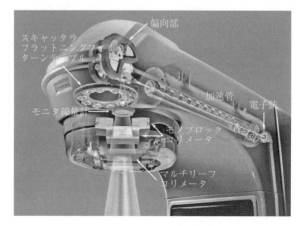

（a） リニアック回転ガントリ部のおもな構造（Image courtesy of Varian Medical Systems, Inc. All rights reserved.）

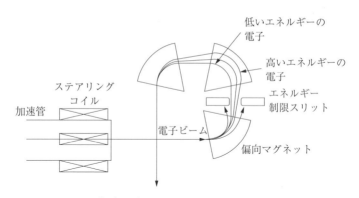

（b） 電子ビーム 270°回転の原理図

図 7.9 加速電子ビームの偏向

7.4.3 X線ターゲット

X線ターゲットは，照射ヘッド内部の電子ビーム軌道上にターゲットとなる金属を挿入して，高速電子が衝突して制動X線を発生させる。この金属は可動式で右側にスライドすればX線モードになり，左側にスライドすれば電子線モードで使用できる（**図7.10**）。ターゲットに使用する物質の原子番号が高いほどX線の発生効率はよくなる。このため，電子の加速エネルギーが6

7.4 電子線・X線リニアック   135

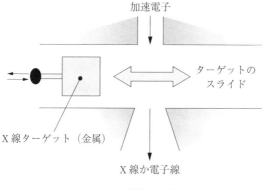

（a） 切換器の原理

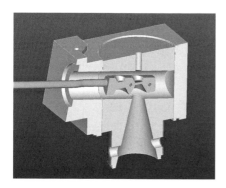

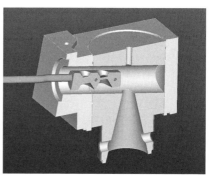

（b） X線モード　　　　　　　　（c） 電子線モード

図 7.10 電子線と X 線の切換方法（Image courtesy of Varian Medical Systems, Inc. All rights reserved.）

MeV までのターゲット物質としてはタングステン（W），金（Au）がよく用いられる。しかし，10 MeV 以上の加速エネルギーではターゲットで発生した X 線によって中性子が発生し，この中性子による二次的な反応で放射化物が発生する。この反応を避けるために銅（Cu）を用いる装置が多い。

7.4.4 照射ヘッド部

図 7.11 に，照射ヘッド偏向部以降の主要な構成部品の配置を示す。構成部品の配置は製品によって異なるが，X 線モードでは X 線ターゲット，一次コ

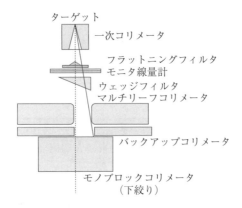

図7.11 照射ヘッド偏向部以降の主要構造

リメータ，フラットニングフィルタ，モニタ線量計，ウェッジフィルタ，マルチリーフコリメータ，モノブロックコリメータなどが使用されている．電子線モードでは，平坦用フィルタに代わってスキャッタラが使用される．

7.4.5 放射線の均一化（平坦用フィルタとスキャッタラ）

照射ヘッドの一部を構成する平坦用フィルタは，ターゲットで発生したX線の軸外線量比を平坦にするために用いられる円錐形状の金属フィルタである．これをフラットニングフィルタといい，放射線に対する横軸断面のX線強度を均一化させる役割を果たす．発生したばかりのX線の強度は中心部が高く，端縁に行くほど低いという特性になるので，腫瘍の中心部は高い強度のX線照射が行われる．その延長線上にある正常細胞への影響も大きくなる．フラットニングフィルタは腫瘍内部の線量管理に重要であるばかりでなく，正常細胞の境界面での管理にも必要である．線量はビーム軸で大きく，周辺ほど小さくなる不均一な分布となっているので，中心部が厚い円錐形状の平坦用フィルタを挿入することにより同じ深さでは平坦な線量分布が得られるようになる．複数のX線エネルギーが選択できる装置では，ターンテーブルに取り付けられた平坦用フィルタが回転して，選択されたX線エネルギーに最適なフィルタがビーム位置に配置される構造になっている．

スキャッタラは，直径 1 mm 程度の電子ビームを散乱させて照射野を拡大させるために使用する金属の薄板である．材料はアルミニウム（Al），ニッケル（Ni），銅（Cu），タンタル（Ta），鉛（Pb）などが用いられる．高いエネルギーの電子線で広い平坦な線量分布を得るため，二重の散乱体を持ったスキャッタラを利用する装置もある．二重散乱のスキャッタラは，高原子番号で平板の一次散乱体で電子ビームを正規分布に散乱拡大させ，中央が盛り上がった低原子番号金属の二次散乱体で軸外線量比が平坦になるように設計されている（**図 7.12**）．平坦用フィルタと同様にターンテーブルが回転して，電子線エネルギーに最適なスキャッタラがビーム位置に配置される構造になっている．

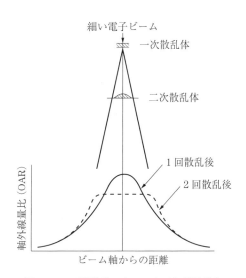

図 7.12 二重散乱スキャッタラと線量分布
〔文献 4）p.39 図 3.7 を引用〕

7.4.6 マルチリーフコリメータ（MLC）

照射野を設定するシステムは，放射線を所望の視野形状や均一，またはある一定に傾斜を持って平行線にして放出することである．平坦用フィルタやスキャッタラの働きは，この主旨に基づくシステムの一部といえる．

MLC は，標的体積の形状に応じた不正形照射野の形状および強度変調放射

線治療 (intensity modulated radiation therapy, IMRT) において，線量の変調のために使用されている．

MLCは，多数のタングステン製の薄い板（リーフ）で構成され，コンピュータ制御によってそれぞれのリーフがモータで移動して，自動的に任意の照射野を形成する（**図 7.13**）．リーフの厚さが薄いほど滑らかな曲線形状を形成することができる．リーフのコンピュータ制御速度は，リーフの形状，重さ，板の厚さによって決まる．図（a）に示す MLC は 160 枚リーフを装備している．40 cm×40 cm の照射野すべてを 5 mm リーフでカバーし，高速のリーフ速度（3.5 cm/s）とダイナミックリーフガイド（3.0/s）で照射野を形成する．リーフ可動範囲はリーフ単体で 20 cm，ダイナミックリーフガイドで 15 cm，センタを越えて 15 cm まで可動させることができるので，照射野形状の制限が少ない．

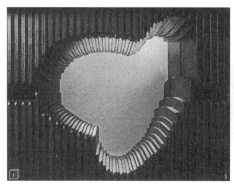

（a） MLC の外観　　　　　（b） MLC を実装した照射ヘッド

図 7.13　MLC の構造（Elekta Synergy®）（提供：東芝メヂカルシステムズ株式会社）

MLC の利点は，ダイナミック照射で使える視野の幅が広いこと，標的腫瘍形状に合わせた照射野設定速度が速いこと，呼吸による臓器の移動など標的の生体反応変動が生じても即座に対応して視野形状の変更が可能なこと，などの要求に対応できることである．そのために，リーフの形状と使用枚数，視野の複雑さと大きさ，リーフの移動方式と設定所要時間などについて，さまざまな技術的進歩がみられ，装置の改良が進んでいる．

7.5 定位放射線照射

定位放射線照射（stereotactic irradiation）とは，病巣に対し多方向から放射線を集中させる方法である。通常の放射線治療と比較し，周囲の正常組織に当たる線量を極力減少させることができる。定位放射線照射には，ガンマナイフに代表される1回照射の定位手術的照射と数回に分割して照射する定位放射線治療に大別される。これらの治療の対象は小さな病巣で，約3 cm以下の病巣がよい適応とされている。この治療は脳の病巣の治療方法としては，動静脈奇形，原発性良性脳腫瘍，転移性脳腫瘍，手術的操作が難しい頭蓋低腫瘍などに応用されている。

7.5.1 ガンマナイフによる定位放射線照射

ガンマナイフは，7.3節で述べたように，おのおのの201個の線源から放出されるγ線がヘルメット内の小さな穴を通過することでペンシル状のビームとなり，多方向から1点に高線量の放射線を集束するように設計されている。治療法は金属の枠を4本のネジでしっかりと頭蓋骨に固定した状態でCTや血管造影などの画像検査を行い，放射線を照射する部位を決め，その部位に正確に照射できるようにガンマナイフの照射ヘッドをセットする手順をとっている（**図7.14**）。

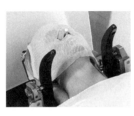

照射部位の大きさなどによりコリメータヘルメットを選択，交換し使用する。コリメータヘルメット内蔵型ではその必要がない。

図7.14 コリメータヘルメットとマスク固定システム・固定フレーム（提供：エレクタ社）

140   7. 放射線によるがん治療

　ガンマナイフはおもに動静脈奇形，聴神経鞘腫など脳内の小さな良性病変を治療して大きな効果を得ている。最も多く治療されている動静脈奇形では，この治療によって脳循環の状態を徐々に変えるため，外科療法や異常血管塞栓療法に比べて危険性は少なく，有効性が認められている。近年の画像診断やコンピュータ技術の進歩により，複雑な形状の病巣に対しても治療が可能になっている。

7.5.2　リニアックによる定位放射線照射

　この治療法は，リニアックを回転させながら放射線を照射することと治療ベッドの回転を組み合わせる方法など，さまざまな方法が開発され，ガンマナイフと同等の放射線集中効果を得ることができる。この方法を可能にしたのは，種々の画像診断の技術が向上したことに加え，放射線治療の精度や，放射線の照射量の計算などを行うコンピュータ技術の進歩に大きく依存している。治療対象は，ガンマナイフが得意としていた脳動静脈奇形，聴神経鞘腫などの良性疾患だけでなく，転移性脳腫瘍，原発性悪性脳腫瘍の一部にも拡大している。

　この治療法の狙いは，精度の高いピンポイント照射である。ピンポイント照射の技術は，三次元で腫瘍の中心部に照射するために，画像診断による立体的な病巣位置の精密な確定が要求される。まず，X線透視装置で患者の腫瘍の呼吸性移動（自然状態での体動）を観察する。呼吸によって標的とする腫瘍の位置が動くので，その移動様態を確認する。つぎに，X線CT装置で，さらに詳細に呼吸性移動情報を取得し，CT画像によって腫瘍の位置を判断して，呼吸のために照射野から病巣がはずれないことを確認する。最後に，ベッドに角度を付けてリニアックに合わせ，CT画像から判断した腫瘍の中心位置を，リニアックの回転中心（アイソセンタ）に一致させて三次元の照射を行う。これら一連の操作は，患者が同一のベッドに乗って静止した状態（ベッド自体はスライド移動，回転移動をする）で行われるので，腫瘍の位置誤差を最少に抑えることができる。

　リニアックを用いても，このように架台や治療ベッドの回転を組み合わせて

7.5 定位放射線照射

放射線を照射することによりガンマナイフと同等の放射線集中効果を得ることができる。リニアックを用いた定位的放射線治療がガンマナイフと異なる点は，分割照射が容易に行えることである。近年は，先端にリニアックを搭載した六つの関節を持つロボットアームが三次元で多方向から正確にビーム立体照射を可能にしている。これがサイバーナイフといわれる装置である。サイバーナイフの優れた点はヘッドの機動性が高く，数百本のビームを使用して治療ができることと，誤差 1 mm 以内の高精度照射で，正常な組織には悪影響を与えず，腫瘍のみに正確に照射できることである。サイバーナイフは，X 線透視装置で，腫瘍周辺の画像を撮影し，事前に撮影した CT 画像と自動整合を行い，ズレを補正して照射する（**図 7.15**）。

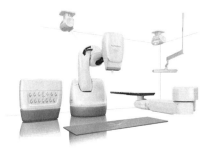

（a）全体像　　　　　　　　　（b）ヘッドの機動性
図 7.15 サイバーナイフ（提供：日本アキュレイ株式会社）

最近では，このような X 線透視画像や CT 画像を別々に撮影するのではなく，**図 7.16** に示す装置のように自動位置設定ができる機能を内蔵している。3D

3DCT 画像による自動位置設定機能（Elekta Synergy®：エレクタ社）を内蔵のリニアック。
図 7.16 イメージガイド放射線治療(IGRT)用リニアック(提供:東芝メヂカルシステムズ株式会社)

CT 画像の撮像を行いつつ自動位置合せをするので，円滑かつ正確な位置設定ができる。腫瘍ターゲットだけでなく近傍の重要臓器を含めた2か所でのマッチングを行うことで，ターゲット位置がシフトした場合など，周囲の重要臓器へのリスクを数値化して表示しておくことにより安全な位置合せが可能になる。

7.5.3 画像誘導放射線治療（IGRT）

高精度放射線治療に際して補助技術として IGRT が使用される。高精度放射線治療では，小さながん腫瘍に放射線を照射する場合や正常細胞にがん細胞が隣接している場合があるため，放射線を照射する位置決めが非常に重要である。そこでリニアックに位置合せ専用の装置 OBI（on board imager）を搭載する。

OBI は治療台の患者の正面と側面の X 線画像を撮影することで，患者の適切な位置を設定する。また OBI 装置は CT 画像を撮影することができるので，X 線画像では見えにくい軟部組織による位置合せ（3D 照合）が可能になる。すなわち，IGRT は IMRT や SBRT などの高精度放射線治療をより高い位置精度で行うための技術であり，がん腫瘍以外の正常組織に放射線が照射されることを最小限にし，治療を安全に行うことができる（図 7.16）。

なお，SBRT は体幹部病変に対する定位放射線治療で Stereotactic body radiotherapy の略である。適応疾患は肺がん，肝がん，脊椎および傍脊椎領域

である。周囲を軟部組織で囲まれているような腫瘍の治療である。正確なピンポイント照射が必要である。装置は OBI 搭載のリニアックが使用される。OBI で X 線画像（レントゲン写真の正面・側面像の骨による位置）を撮影する。そのレントゲン写真と治療計画用 CT 画像から再構成した画像と位置合せを行う。治療直前に撮影した画像から現在の治療部位の位置を確認し，位置の微調整を行うことが可能である。

IGRT にはさまざまな方法があるが，放射線治療器や放射線治療室に搭載・設置された X 線透視で骨や体内に留置した小さなマーカ等の位置を確認する方法，赤外線カメラでマーカの位置を確認する方法，放射線治療器にコーンビーム CT を併設し，治療直前の腫瘍などの位置を CT によって確認する方法を採用している。

図 7.17 に示すリニアックは OBI を搭載し，IGRT や IMRT の技術を内蔵している。MLC の高速のリーフスピードと呼吸同期インタフェースとの組合せにより高線量率放射線治療を可能にしている。高画質な 3D コーンビーム CT 画像を用いた自動位置合せのシステムで，高精度，短時間の治療が可能になる。

定位放射線治療の大きな特長として，通常照射法では困難とされるような大きな線量を短時間で照射するということが挙げられる。非小細胞肺がんでは，

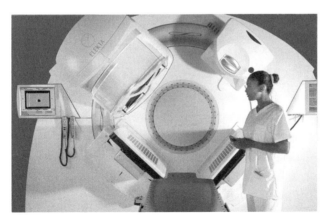

ガントリ部が 360° または 180° 回転して，CT 画像（cone beam CT：CBCT）の撮影ができる。
図 7.17　OBI 搭載のリニアック（Elekta Infinity，提供：東芝メヂカルシステムズ株式会社）

通常照射法で総線量 60 Gy を 30 回に分けて照射 (2 Gy) するのに対し，定位の放射線治療では総線量 48 Gy を 4 回の分割で照射する．このように，治療回数を減らせるのであれば，煩雑な操作が減少し，治療期間が短くなり患者の利益にも適する．

7.5.4　強度変調放射線治療（IMRT）

強度変調放射線治療（IMRT）は，照射内の線量強度分布を変化させたビームを複数組み合わせた照射法で，最も新しい照射法の一つである．通常の多門照射は臨床標的体積（clinical target volume, CTV）形状に一致した照射野を複数方向から重ね合わせた結果により線量の集中化を実現してきたが，くびれた凹面の CTV 形状には対応できない．IMRT では個々の照射野の線量強度分布を制御し，それらの組合せにより複雑な形状の CTV にも対応した線量分布を実現する．すなわち，IMRT は，コンピュータによる治療計画とその計算結果どおりの照射を可能にするコンピュータ制御の特殊照射法に特徴がある．治療計画では，コンピュータが何万通りの照射法の中から最適な方法を算出する．1 方向のビームをさらに小さなセグメントという単位で分割して照射し，理想的なビームパターン（固定具）を作成する（図 7.18）．固定具は体を広く包み込む特殊なプラスチック板またはメッシュ状板，バキュームクッションなどを

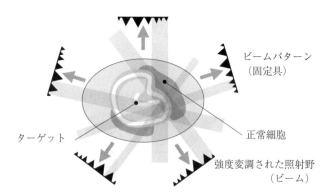

欲しい線量分布を実現できる照射野強度を変調（最適化）．

図 7.18　IMRT のビームパターンと照射法

7.6 陽 子 線 治 療　　145

使用する。計算されたビームパターンで多門照射することで，腫瘍に囲まれた正常細胞部に損傷を与えずに治療が可能になる。さらに，コンピュータによるMLC を制御し，計算どおりの照射を実現する。

　IMRT のおもな治療対象疾患は前立腺がん，中枢神経腫瘍，頭頚部腫瘍，食道がん，悪性胸膜中皮腫，縦隔腫瘍，脾臓がん，子宮がん，後腹膜腫瘍，骨腫瘍，直腸がん，肝臓がんなどで，いずれもリスク臓器と腫瘍が近接している複雑な位置関係にあるため，従来の照射法では最適な線量分布が計画しにくかった領域である。前立腺では直腸，膀胱線量の低減が図られ，頭頚部では脊髄，唾液腺，視神経，眼球，脳幹部などへの線量低減が図られるため，リスク臓器の温存と高線量投与との両立が可能になった。一方，IMRT は CTV と計画標的体積（planning target volume, PTV）が接近し線量分布が急峻となるため，セットアップのための空間的座標の精度，再現性が重要になる。

7.6　陽 子 線 治 療

　X 線，電子線，中性子線を用いる場合は，表面付近の吸収線量が最も大きく，深さとともに減衰するのに対し，陽子線や重粒子線では，表面付近の吸収線量が小さく，粒子の飛程の終端で最も付与する線量が大きくなるという特徴がある。質量の小さい荷電粒子は物質中を通過するときに散乱するが，質量（m）が大きい荷電粒子は散乱せずに進行方向の物質を電離しながらエネルギーを失いつつ進む。物質中を進む重荷電粒子は運動エネルギー（mv^2）を失って速度（v）が低下するに従い，速度の 2 乗に反比例して大きな抵抗を受けるため，ある一定速度まで遅くなると急激に進行を停止する。陽子の質量は電子に比べて 1 876 倍，炭素に至っては 21 874 149 倍である。すなわち，陽子線のエネルギーは，電子線エネルギーの 1 876 倍（速度が同じと仮定して）となる。急停止する際に停止近傍では非常に大きな電離を受け，大線量を発生する。この荷電粒子の通過距離とエネルギー損の関係をプロットしたものを，発見者のイギリス物理学者ブラッグ（Williamu Henry Bragg）に因んでブラッグ曲線と呼ぶ。

7. 放射線によるがん治療

また,物質内を進む荷電粒子が停止する直前,エネルギー損は最大になり,続いて急激にゼロまで低下する。この極大部分をブラッグピークと呼んでいる(図 **7.19**)。

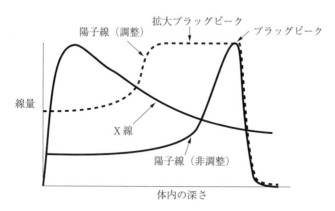

図 **7.19** 陽子線のブラッグピークと X 線吸収性比較

陽子線治療法は,体表面や体内の途中で少しの線量しか組織に与えないが,がんの病巣部に達すると多量のエネルギーを放出する。そのため,病巣部の先方にある正常組織は X 線の場合と異なり放射線が当たらないですむ。しかも,陽子線は,加速エネルギーを調節すれば体内における放射線の到達距離(飛程)も変えられるので放射線が病巣部に適切に届くように設定が可能である(図 **7.20**)。

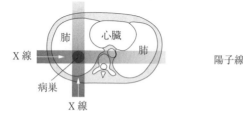 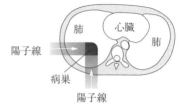

(a) X 線を用いた放射線治療　　(b) 陽子線を用いた放射線治療

X 線エネルギーは徐々に減衰するが,陽子線はブラッグピーク点に集中してエネルギーを放出する様子を示す。

図 **7.20** X 線と陽子線照射野の比較の模式図

7.6.1 装置の構成

陽子線治療装置は**図 7.21** に示すように陽子線発生器から治療照射系まで，広い部屋に重厚な装置と制御器で構成される．陽子線治療装置は，大きく分けると陽子を加速する加速器系と，加速された陽子線を治療室まで運ぶ輸送系，陽子線を患者に照射する治療照射系および陽子の加速度や照射量を制御する制御系に分けられる．これらの各系に供給する電源装置や電磁石の冷却水系（温

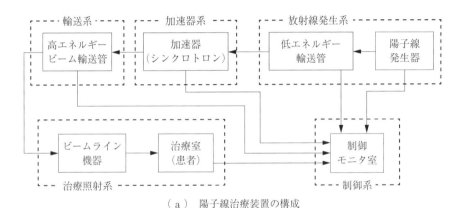

（a） 陽子線治療装置の構成

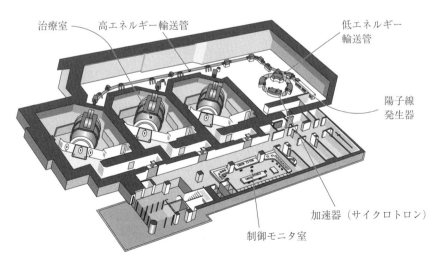

（b） 装置の配置図

図 7.21 陽子線治療装置の構成と配置

148   7. 放射線によるがん治療

度管理装置)，気圧調整系（加速器系，輸送系用）などが施設内に整備されている。設備は完全固定型で，設備内の設置面積は広く，放射線散乱の防止壁や治療室および制御管理室は個別に独立している。そのために設置費用は高額になる。2018年現在，日本では14の施設で陽子線治療を行っている。

　放射線発生器は，水素ガスを陽子（水素原子イオン）と電子に分離し，イオン源から出た陽子線は低エネルギー輸送器を経由してシンクロトロンに注入される。シンクロトロンは，数10 MeV までエネルギーを高めた陽子線を受入れ，円弧状の分割電磁石の中の高真空槽を周回しながら加速される。高エネルギー輸送系はシンクロトロンから出射された陽子線を治療室A，B，Cに効率よく輸送する。高エネルギービームの陽子線は治療室に届く前にビームライン機器を通過する。陽子線はこのビームライン機器によって測定に応じたビーム形状や，治療に適した形状に加工される。

　ビーム形状加工は，照射野の線量の平坦化を行うワブラー電磁石，平坦度をさらに上げる散乱体，ブラッグピーク点の位置合せを担うリッジフィルタ，エネルギーを吸収する距離の微調整をするレンジシフタ，領域外の陽子線を遮断するブロックコリメータ，これにMLCと陽子線の末端側形状に調整するボーラスを加え行われる。このビームライン機器の配列を**図 7.22**に示す。

7.6.2　照射野の形成

　照射野の形成には，飛程の調整とブラッグピークの深さ方向の拡大がある。加速器で加速された陽子は単一のエネルギーであり，深さ方向に狭い分布のブラッグピークはターゲット（標的に腫瘍）全体に一様に照射することは難しい。ターゲットは人体で三次元的な広がりを持っているので，陽子線に空間とエネルギーの広がりを持たせる必要がある。

　飛程の調整は人体内のターゲットの深度に合わせて陽子線加速エネルギーを変調し，ターゲットにブラッグピークを合わせる。しかし，エネルギーだけでは細かい飛程の調整は難しいのでレンジシフタを使ってターゲット最深部に飛程を調整する。レンジシフタは低原子番号の材質（例えば，ABS樹脂など）

7.6 陽子線治療

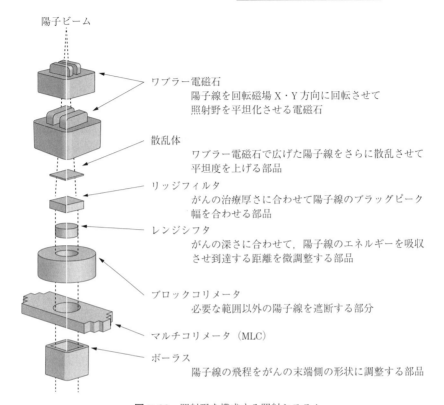

図 7.22　照射野を構成する照射システム

の板で構成され，ビームが通過する領域に挿入し，陽子線のエネルギーを損失させることにより深さ方向の飛程の調整を行い，かつ側方向にも同様なレンジシフタを挿入して側方向幅の調整を行う。

　陽子線治療では深さ方向に厚みのあるターゲットを一様に照射しなければならず，深さ方向の領域に一様な線量分布を設定する必要がある。これを拡大ブラッグピークまたは飛程変調という。拡大ブラッグピーク (spread-out bragg peak, SOBP) を形成するには，加速器からのエネルギーを変調して，飛程の異なるブラッグピークを重ね合わせて深さ方向の線量分布が一様な領域を形成する。また，リッジフィルタを使用して深さ方向のエネルギー分散を図る方法が使用されている（**図 7.23**）。

150   7. 放射線によるがん治療

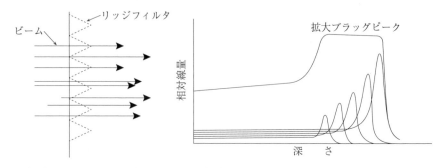

(a) くさび型断面の透過で SOBP が形成
(b) SOBP は飛程の異なるビームを重ねる

図 7.23 拡大ブラッグピークの作り方〔文献 4) p.62 図 5.9 を改変引用〕

　加速された陽子ビームは細いので，腫瘍の大きさに見合うまで拡大し，コリメータで調整して照射する。このようにビームを拡大して照射する方法をブロードビーム法という。ブロードビーム法にはいくつかの照射法がある。その中の一つにワブラー法がある。ワブラー法は，水平，垂直 2 台のワブラー電磁石でビームを円軌道に沿って高速で走査する。それと同時に散乱体となる鉛などの金属類の板にビームを衝突させ，ビームを正規分布に広げる。この正規分布に広がったビームを円軌道にそって走査することによって一様照射野が形成される。しかし，この方法は散乱体でビームを正規分布に広げるので，散乱体のエネルギー損失が問題になる。さらに，一定の円軌道に沿ってビームを走査していては円軌道付近のみ以外は照射することができない。

　ワブラー法の不備な点を改良しようとしてらせんワブラー法が考案された。らせんワブラー法は，ワブラー電磁石の振幅を連続的に変化させ（振幅変調させ）て円軌道の半径を連続的に変化させ，らせん軌道を描くことになる。電磁石の振幅変調を最適化することで一様照射野を形成することができる（**図 7.24**）。らせんワブラー法は，比較的短時間で一様照射野が形成できるので，呼吸同期照射も可能である。

7.6 陽 子 線 治 療   151

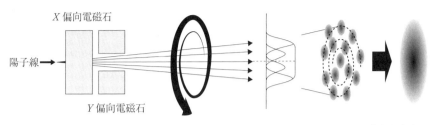

X および Y 偏向電磁石にそれぞれ位相の異なる正弦波電流を流して，円形に陽子線を走査する

図 7.24 らせんワブラー法の原理〔文献 4）p.62 図 5.8 を改変引用〕

7.6.3 スポットスキャニング照射法

スポットスキャニング照射法は，腫瘍を照射する陽子ビームを細いまま移動させてつぎつぎとピンポイントに照射していく方法である。すなわち，細い陽子線を腫瘍に埋めるように走査する照射法である。これまでのブロードビーム法は，陽子線を腫瘍の形状に加工して照射していたが，このスキャニング法では患者ごとの器具が不要になり，また余分な照射も抑制されることから，より高度な治療が可能である。腫瘍の形状に合わせて高い精度で陽子ビームを照射できるので，正常組織への影響を最小限に抑えることが可能である。スポットスキャニング照射法は電磁石による走査とシンクロトロンによる飛程の制御によっている（**図 7.25**）。

この方法は，ビームの生成過程で失われるエネルギーが少なく，ビームの利用効率がよいという特長がある。したがって，加速器内で加速する陽子の量と加速するエネルギーを小さくすることが可能となり，加速器が大幅（約 30 % ほど）に小型化された。さらに，基本的にコリメータや飛程調整装置を必要としないため，広い照射領域を確保するのが容易である。

従来の重粒子線治療装置では固定照射装置が標準とされていたが，患者の負担を軽減し，最適な方向から腫瘍に重粒子線を照射するために 360°任意の方向から照射できる装置が必要なため回転ガントリに搭載可能な超伝導磁石が開発された。これにより普及可能なサイズの陽子線ガントリが実現して，三次元スキャニング照射装置と X 線呼吸同期装置を搭載することによって，腫瘍周

152   7. 放射線によるがん治療

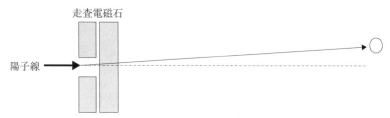

（a） 動作原理：飛程（エネルギー）はシンクロトロンによって制御する

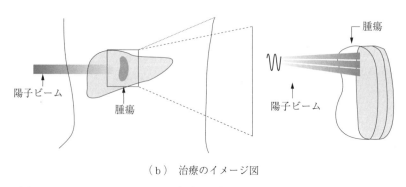

（b） 治療のイメージ図

図 7.25 スポットスキャニング照射法の照射制御システムと単一陽子線の照射例

辺の動きを直接観察し，腫瘍に対する正確な照射ができるようになった（**図 7.26**）。

7.6.4 動体追跡放射線治療

動体追跡放射線治療装置は，まず腫瘍内部あるいはその周辺に真球（径1.5〜2 mm）の金マーカを刺入し，CT検査でマーカの位置確認を行う。つぎに腫瘍とマーカの三次元の位置関係データを動体追跡装置に送る。動体追跡装置は，数対のX線透視装置をリニアック治療台周辺に整備し，これらの透視画像から体内マーカの三次元位置を計算する。このX線画像上に，あらかじめ三次元治療計画装置から転送されていた腫瘍とマーカの三次元位置を透視画像上に投影し，実際のマーカ位置をこの計画マーカ位置に重ねることで，患者の設定を行う。放射線治療中は，マーカの形状を0.1 mmマトリックスのテンプレート画像として記憶しておき，これと透視画像との比較をリアルタイムパ

7.6 陽子線治療　　153

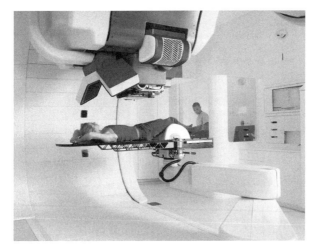

治療室へは陽子線ビームが陽子線発生器から輸送管で輸送される。
図 7.26　陽子線治療装置 PROTEUS®ONE（iba 社）
（提供：東芝メヂカルシステムズ株式会社）

ターン認識の技術で毎秒 30 回行う。計画された三次元位置に金マーカがきた瞬間のみ，X 線照射がなされる構造である。

　動体追跡放射線治療装置では，体内に刺入された金マークの位置が治療計画位置から数 mm 以内に入ったときのみ放射線を照射することができる。この技術を用いることで正常組織に対する照射を減らし，がんに対してピンポイントに放射線を照射することが可能になった。実際に，肺の下方に位置するがんでは呼吸によって 2 cm 近くも上下運動する場合があり，呼吸のほかに心臓の拍動や腸の動き，膀胱の尿の溜まり具合などさまざまな要因によって目標の位置が変わることが知られている。このような標的に対して体動追跡技術は非常に有効である。

　動体追跡放射線治療技術とスポットスキャニング陽子線治療を組み合わせることで，大きな肺がんや肝がんなど体内で，呼吸によって動く大きながんに対して副作用の少ないより安全な治療の実現化が期待できる。

154   7. 放射線によるがん治療

7.7 重粒子線（炭素線）治療

重粒子は電子より重い質量を持つ原子で，中性子，重荷電粒子がある。重荷電粒子には陽子，重陽子，ヘリウム，炭素などの重イオンがあり，日本では治療に使用されるのは陽子と炭素が中心である。重粒子線治療では，表面線量が比較的高い X 線，γ 線に比べ，陽子線と同様に体の表面での吸収線量は低く抑えられ，腫瘍組織において吸収線量がピークになる特性（ブラッグピーク曲線）を有している。前項で述べたように，陽子の質量が電子のそれの 1 836 倍であるが，炭素の質量はさらに陽子の約 12 000 倍と大きい。陽子線と比較して，質量の大きい重粒子線は，物質内の散乱が小さく，腫瘍組織とその周辺の正常組織に対する線量の差異（コントラスト）を高めることによる物理的効果に加え，同じ物理線量の陽子線やその他の放射線に比べると，重粒子線の線エネルギー付与（LET）が高く，生物学的効果比（RBE）が光子（X 線，γ 線）の 2 倍以上と大きい。この特徴から，通常の X 線照射で制御困難な腫瘍に対しての効果が期待される。

大きな質量の炭素粒子を治療用に加速するには，陽子線に比べると非常に大きなエネルギーが必要である。重粒子線治療は，がんを破壊するために重粒子線の速度を光の速度の 70 ％くらいまで加速する必要があり，そのための巨大な加速器が必要になる。実際の装置では，前段加速の線形加速器とそれに続く直径 20 m 程度のシンクロトロンが使用される。これらの設備を収納する施設はサッカー場に匹敵するほどの用地が必要になる。最近では三次元スポットスキャニング照射法と電磁石による走査法の最新技術を採用することで，設置面積を 1/3 くらいまで小さくできるようになった。

シンクロトロンの加速器から供給される粒子線は直径約 1 cm の細いビームであるが，それをワブラー法や二重散乱法で最大直径 20 cm 程度の一様な線量分布が得られるまでに拡大する。進行方向にも粒子の止まる位置を広げて拡大ブラッグピークを形成する（図 7.23）。リッジフィルタ（くさび型フィルタ）

7.7 重粒子線（炭素線）治療　155

は，三角形のくさび型のさまざまに厚みの異なる部分を形成し，これを粒子線
が通過することで各粒子の飛程が深さ方向に分散される。

　陽子線治療も炭素線治療も同じような悪性腫瘍の治療に用いられる。一般的
には，悪性黒色腫や骨肉腫など従来のX線などで効果の少ないがんに適応さ
れるといわれているが，疾患では，頭頸がん，頭蓋底がん，肺がん，肝臓がん，
前立腺がん，骨肉腫，軟部組織腫瘍，直腸がんの骨盤内再発に適応されている。
組織型では，通常のX線照射の効果が少ないとされている腺がん系や肉腫系
腫瘍に対して有効である。

8

放射線防護と安全管理

8.1 国際法の経緯と安全管理

1950年に，対象を医療分野からすべての放射線利用に拡張して，国際放射線医学会議（ICR）から国際放射線防護委員会（International Commission on Radiorogicaral Protection, ICRP）に変更になり，5委員会と下部の作業部会で事業を進めている。電離性放射線の被ばくによる放射線障害の発生，放射線による自然環境への影響の軽減，公益に対する貢献を目的として活躍している。放射線防護の理念（考え方），被ばく線量の限度，規制のあり方などを委員会勧告・報告の形でICRP Publicationとして基本勧告している。

放射線防護の基本原則は正当化の原則，防護の最適化の原則，線量限度の三つが挙げられる。

〔1〕 正当化の原則

放射線を利用することにより得られる利益が，生じる被ばくの不利益（リスク）より大きくなければ放射線の利用は正当化されない。

〔2〕 防護の最適化の原則

「被ばくする可能性，被ばくする人の数，その人たちの個人線量の大きさは，すべて，社会的および経済的な要因を考量して，合理的に達成できるかぎり低く保たれるべきである」。被ばくのリスクに見合わないような巨大な設備や施設は経済的な負担が大きくなり最適化された状況とはいえない。

8.2 放射線治療事故の事例　157

〔3〕 線量限度

　患者の医療被ばくを除く計画被ばく状況においては，規制された線源からのいかなる個人への線量も，委員会が勧告する適切な線量を超えてはならない。すなわち，正当化され，最適化が図られた結果，合理的な被ばくレベルが線量限度より低ければそのレベルを抑えて放射線を利用する。

　ICRP 1990 年勧告における線量限度の具体的数値を**表 8.1** に示す。実効線量限度は確定的影響の防止を目的として定められている。実効線量は各臓器の等価線量と組織加重係数の積を求め，すべての臓器の値を足し合わせて求められる。

表 8.1　線量限度（ICRP 1990 年）

適　用		線量限度	
		職業被ばく	公衆被ばく
実効線量限度		決められた 5 年間の平均が 1 年当り 20 mSv	1 mSv/年
等価線量限度	目の水晶体	150 mSv/年	15 mSv/年
	皮膚	500 mSv/年	50 mSv/年
	手先・足先	500 mSv/年	————

1) 実効線量は任意の 1 年間の 50 mSv を超えるべきでないという付加条件がある。
2) 局所被ばくについて，確定的影響を防止するための追加限度が必要である。

8.2　放射線治療事故の事例

　放射線事故には，密封線源のずさんな管理や破棄による一般公衆人の被ばく事故，密封小線源の準備・交換時や治療装置の据付・修復時による医療スタッフや保守員の被ばく事故，誤照射事故などのよる患者の事故に分類される。放射線治療事故は特に患者に致命的な障害を及ぼす誤照射事故などが問題になる。

　最近の約 10 年間に日本で発生した事故要因を分析すると，治療計画で決定した条件の設定ミス，例えば，くさび係数の入力ミス，照射野係数の入力ミス，

158   8. 放射線防護と安全管理

治療計画装置の操作ミス，線量測定の評価ミス，投与線量入力ミス，くさびビームの深部線量特性の入力ミスなどの操作上の単純ミスと思われる件数が15件中8件もある。注目すべき内容に，装置据付時の保守員の被ばく，加速器高圧電源ユニット燃焼，補償フィルタの設定ミスによる陽子線治療事故などがある。全体として装置に基本的な欠陥はみられず，単純な操作ミスが原因の事故であると理解できる。装置が高度になり，操作が複雑になってくると，条件設定と操作手順が治療にとって重要な意義を持つ。

重粒子線治療のように，広大な面積に設置された機器群を制御室のモニタで監視しながら機構全体を操作するのは，あたかも原子力発電所のコントロール室でパネル面を凝視しながら運転するのに匹敵する。

8.3 操作ミスの要因

操作ミスの要素は，先に触れたように単純な操作ミスに起因することが大きい。特に外部照射事故は過剰照射または過少照射であり，治療計画装置に起因するミス，投与線量基準点の評価ミスなどが発生している。

治療計画装置の操作ミスの原因は，第1番目の障壁に挙げられるのは当事者の医師自身であり，第2番目の障壁は治療計画装置のソフトウェアの機能：ソフトウェアの完成度や人間工学的な操作性での最適化，第3番目の障壁は診療放射線技師の照射録の確認にある。これらの障壁を克服するのには，医師，診療放射線技師，装置を運用する工学技士間の情報を共有し，各スタッフの担当領域の明確化と責任所在の明確化がなされ，操作マニュアルと治療手順書に基づく作業が十分に理解され，かつ訓練されていなければならない。

図7.21に示した制御モニタ室での装置の運用は，あたかも原子力発電所の運転室の情景によく似ている。膨大な数の条件設定パネル，操作パネル，運転状況の表示パネル，異常発生時の警報表示と警報音があり，これらの情報の管理と運用を多数の運転者と保守員で行っている。システム構成されている装置の設計ならびにソフトウェアの設計は，事故が発生したときにはつねに大きな

事故につながらないように，自動的に安全側に移行するようになっている。いかにシステムが高精度にできていても事故は起こる。旧ソ連ウクライナでの原子力発電所では運転者の勝手な思い違いによる誤操作によって大事故を引き起こし，北米スリーマイル島の原子力発電所では単純なパネル表示の見間違えが大きな事故につながった。しかも，初期の段階では少数の警報音が鳴り始め，次第にその数が増加していくにつれ運転者，保守員は混乱状態に陥り，処置の方策を見失うことになった。

　放射線治療装置は，原子力発電所のような大規模システムではないが，システムの構成・性格はよく似ているといえる。事故がもたらす社会的な災害規模はまったく異なるが，医療の事故は災害の規模の大きさでなく，患者自身にとって最大の災害であることを意識しなければならない。

8.4　放射線治療に携わるスタッフの教育・研修

　放射線治療に携わる者には医師，診療放射線技師，看護師がいるが，日本の放射線治療の実情から判断すると，医師と診療放射線技師だけで放射線治療を行っている施設が多いように思われる。放射線治療での人為的ミス（ヒューマンエラー）を防ぐためには，高度な専門教育や研修を受ける必要がある。特に，診療放射線技師の役割は重要で，そのための教育は，がんの病態・病理学，放射線のRBE，放射線と物質の相互作用，照射法・照射技術などの習得に及ぶ。さらに，機器の特性と運用に習熟し，機器の保守・管理までと守備範囲は非常に広い。初期の教育も重要であるが，定期的な研修を繰り返す必要がある。

8.5　安　全　対　策

8.5.1　安全性の考え方

　安全の概念には，絶対安全と相対的安全がある。社会現象には絶対安全は存在できない。絶対安全を求めようとしても，それを実現するには莫大な費用と

160   8. 放射線防護と安全管理

大規模なシステムが必要である。よって，経済的にまったく実現する可能性が
ない。すなわち，安全神話が存在できる余地がないといえる。システムを構成
する要素，運用方法，運用する人が多岐にわたって混在しており，現実に絶対
に安全を確保するのは不可能である。

　そこで，追求しなければならいのは相対安全である。それには，取り扱う機
器が正常に稼働するか，システムは予定どおり構築（セットアップ）されてい
るか，運転マニュアルは十分な内容を満たしているか，事故発生を想定したマ
ニュアルが準備されているかなどの対応が整っていることが必要，不可欠であ
る。

　決められた条件のもとで，システム運用を行う人間（医師，操作者，技術者，
介護者）が参加する。人間の行動は，必ず正確で，正しいとは限らない。「人
間はミスを犯すものだ」という前提でシステムは運用されなければならない。

8.5.2　人為的ミスの安全対策

　放射線治療の分野では，医療事故件数は現在までに 20 件に満たないと見ら
れている。しかし，今後この治療件数は増加することが期待されているので，
それに伴って事故件数が増えてくることが危惧される。一般的に医療事故の新
聞報道や各種の報告を見ると，その内容も医療技術レベルの低さに起因するよ
りも，人為的な単純ミスと思われるものが大分部である。放射線治療事故でも
この傾向がすでに顕在化している。この点では，医療のどの分野でも共通の課
題である。手術患者の取り違え，注射液の間違えなどは一般市民が目にすると
ころである。これらは，大学病院から一般市中病院まで施設の大小や優秀なス
タッフがそろっているなどを問わず，単純な医療ミスがあまりにも目につく。
この現象が，医療界の透明性が拡大したことによるのか，患者の意識レベルが
向上したことによって医療行為の公開が促進されたことによるのかは即断でき
ないが，潜在的に人間は過ちを犯すものだという認識で安全対策を考えなけれ
ばならない。そのためには，つぎのような点が挙げられる。

8.5 安　全　対　策　　161

〔1〕　組織的な運用と責任体制の確立

このことにより二重，三重のチェック機構が作用することになり，かつ人為的ミスの要因を個人の問題として扱うのでなく，その背景は何かを組織として解明できることになる。

〔2〕　情報の普遍化

個々のスタッフの情報交換を密にして，個々人の役割を認識し確認することになる。

〔3〕　独善性の排除

特定個人の絶対的権限を戒めて，情報の共有化を図る。これはチェック機能の強化につながる。

〔4〕　特殊技能の依存性の排除

ベテランのスタッフは職人的技能を発揮しがちである。しかし，これは慣れによるミス発生の要因になる可能性を持ち，治療手順の標準化の妨げになる。

〔5〕　医療過程の公開

医療過程をつねに積極的に開示するという意味ではなく，医療が密室の行為でなく誰からも見られうる環境であるという意識を持つことである。このことが適度な緊張を維持し，ミス発生の予防となりうる。

〔6〕　医療過誤が「人為的ミスによる」という結論を安易に求めないこと

医療従事者がミスを起こす背景には，組織運用，責任体制，人間関係，自身の生活環境，学校教育・卒後再教育の質や頻度の問題などの多くの要因がある。そこで，個人ミス（体験）を客観的に報告できる環境の形成や，特定の個人に過剰負担を与えていないかなどの配慮が必要である。「うっかり」ミスはなぜ起こるかの原因究明が大切で，これが単純ミス再発防止対策につながる。

引用・参考文献

1) 植松 稔 編著：明るいがん治療—切らずにピンポイント照射—，三省堂（2003）
2) 木村雄治：画像診断装置学入門，コロナ社（2007）
3) 木村雄治：生体計測装置学入門，コロナ社（2004）
4) 齋藤秀敏，福士政広 監著：改訂新版 放射線機器学（Ⅱ）—放射線治療機器・核医学検査機器—，コロナ社（2017）
5) 多田順一郎：わかりやすい放射線物理学（改訂2版），オーム社（2008）
6) 日本放射線技術学会 監修，熊谷孝三 編著：放射線治療技術学（改訂2版），オーム社（2016）
7) 日本放射線技術学会 監修，江島洋介，木村 博 共編：放射線生物学（改訂2版），オーム社（2011）
8) 松本義久 編集：人体のメカニズムから学ぶ 放射線生物学，メジカルビュー社（2017）
9) 森 和俊：細胞の中の分子生物学 —最新・生命科学入門—，講談社（2016）

索　　　引

【あ】

悪性黒色腫	155
悪性腫瘍	70, 120
悪性リンパ腫	91
アポトーシス	18, 71
アミノ酸	2
アミノ酸配列	9
安全神話	160

【い】

一回照射	29
遺伝子	10
遺伝子突然変異	57
遺伝情報	6
遺伝物質	6

【え，お】

エネルギーフルエンス	32
塩基除去修復	49
塩基損傷	46
塩基対	5
塩基対配列	8
塩基配列	3
温熱療法	125

【か】

回復性損傷	66
拡大ブラッグピーク	149
確定的影響	88
確率的影響	88
画像誘導放射線治療	129
活性酸素	44
がん遺伝子	71
間期死	52
幹細胞	18
環状染色体	61
間接電離性放射線	21
ガンマナイフ	129
がん抑制遺伝子	71

【き】

記憶媒体	10
軌道電子	37
キネトコア	12
吸収線量	33, 104
強度変調放射線治療	137, 144

【く】

クリスタリン	99
グレイ	33
クロマチン	11
クローン	52

【け】

計画標的体積	145
血液脳関門	99
血行性転移	121
ゲノム	10

【こ】

高 LET 放射線	68
光電効果	37
国際放射線防護委員会	104, 156
五炭糖	3
骨髄幹細胞	109
骨髄系共通前駆細胞	85
骨髄系前駆細胞	90
骨髄死	108
骨肉腫	155
コドン	10
コリメータヘルメット	129
コロニー	52
コンプトン効果	38

【さ】

サイトカイン	100, 109
細胞壊死	19
細胞死	18

細胞質分裂	16
細胞周期	15
細胞周期チェックポイント	54
三次元照射法	125
酸素増感比	30

【し】

自然放射線	20
シトクロム C	78
姉妹染色分体	11
重荷電粒子	26
重荷電粒子線	26
絨毛間腔	115
絨毛上皮細胞	94
絨毛膜	113
重粒子線治療装置	151
腫瘍致死線量	124
小線源治療	128
常染色体	12
小腸腺窩細胞	95
触媒酵素	9
人工放射線	20
深部線量特性	158

【す】

水素結合	5
スキャッタラ	137
スポットスキャニング照射法	151

【せ】

精原細胞	93
正常組織耐容線量	124
性染色体	12
生体高分子	2
生物学的効果比	29
染色体	10
染色体異常	58
染色体突然変異	57
染色分体型異常	58

セントロメア	11	動体追跡放射線治療装置	152	分裂死	52
【そ】		投与線量基準点	158	**【へ】**	
		特殊 X 線	23		
造血幹細胞	85	トランスファー RNA	13	平均致死線量	63
操作マニュアル	158	**【な】**		ベルゴニー・トリボンドウ	
増殖死	52			の法則	83
相対安全	160	内皮細胞	89	**【ほ】**	
相補的結合	5	**【に】**			
速中性子線	28			放射性同位元素	20, 24
【た】		二次電子	37	放射線加重係数	33
		二重らせん構造	7	放射線感受性	53
胎児奇形	116	二動原体染色体	60	放射線宿酔	108
多重標的1ヒットモデル	62	**【ぬ】**		放射線肺臓炎	101
多段階発がん	71			放射線防護	34
多能性前駆細胞	85	ヌクレオソーム	11	ホリディ機構	51
多分割照射法	66	ヌクレオチド	3	**【ま, み】**	
多門照射	145	ヌクレオチド鎖	5		
弾性散乱	38	ヌクレオチド除去法	49	マクロファージ	18
炭素線治療	155	**【ね, の】**		マルチリーフコリメータ	132
タンパク質リン酸化酵素	51			密封小線源治療	128
【ち】		ネクローシス	19	ミトコンドリア	2
		脳 死	107	未分化がん	121
チェックポイント制御因子		脳腫瘍	120	**【む, め】**	
	54	**【は】**			
致死的損傷	66			無酸素細胞	123
チミングリコール	47	バイエル板	94	メッセンジャー RNA	13
中性子線	25	半致死線量	108	メラニン細胞	98
腸管死	107	半保存的複製	9	免疫グロブリン	113
腸絨毛	94	**【ひ】**		免疫グロブリン G	113
聴神経鞘腫	140			**【ゆ, よ】**	
直接電離性放射線	21	光回復酵素	49		
治療手順書	158	皮質白内障	98	有糸分裂	16
【て】		ヒット理論	62	有糸分裂期チェックポイ	
		飛程変調	149	ント	56
定位放射線照射	125, 139	非密封小線源治療	128	陽子線治療	148
定位放射線治療	129	ビームライン機器	148	陽子線治療法	146
低 LET 放射線	68	ピンポント照射	140	陽電子線	25
デオキシリボース	3	**【ふ】**		羊 膜	113
電子雲	37			**【ら】**	
電子対生成	39	不対電子	42		
電 離	40	フラットニングフィルタ	136	らせんワブラー法	150
電離性放射線	20, 21	フリーラジカル	42	ランゲルハンス細胞	98
【と】		フルエンス	32	卵母細胞	93
		ブロックコリメータ	148	**【り】**	
等価線量	33, 104	分割照射	29, 123		
動静脈奇形	140	分割照射時間間隔	123	リッジフィルタ	148

リニアック	39	リンパ球系共通前駆細胞	85	励起状態	40
リボース	3	リンパ系前駆細胞	90	レンジシフタ	148
リボソーム	2, 13	リンパ行性転移	121	連続 X 線	23
粒子線治療	125				
良性腫瘍	70	**【れ】**		**【わ】**	
臨床標的体積	144	励　起	40	ワブラー電磁石	148

【A】

APE1	47
AP エンドヌクレアーゼ	47
AP 部位	47
ATM	51
ATP	2

【B】

Bcl-2 ファミリー分子	75

【C】

CLP	85
CMP	85
CTV	144

【D】

DNA	2
DNA グリコシラーゼ	49
DNA 鎖	7
DNA 鎖切断	46
DNA ポリメラーゼ	9, 49

【G】

G_0 期	16
G_1 期	15
G_1/S 期チェックポイント	55
G_2 期	15
G_2/M 期チェックポイント	56
GVH 反応	111
Gy	33

【H】

HVG 反応	111

【I】

ICRP	104, 156

【I】 (continued)

Ig	113
IgG	113
IGRT	142
IMRT	138, 142, 144

【L】

$LD_{50/30}$	108
LET	28
LQ モデル	64

【M】

MLC	132, 137
MLHI	73
MPP	85
mRNA	13
M 期	15
M 期チェックポイント	56

【N】

N-グリコシド結合部	47
NK 細胞	109

【O】

OBI	142
OER	30
・OH	44

【P】

p21	74
p53	73
p53R2	74
PLD	66
PLDR	66
PTV	145

【R】

RBE	29

RBI	73
RNA	2
RNA ポリメラーゼ	9
RNA ポリメラーゼ複合体	13

【S】

SBRT	142
SLD	66
SLDR	66
SOBP	149
S 期	15
S 期チェックポイント	56

【T】

TLD	124
tRNA	13
TTD	124

【V】

VDAC	78

【X】

X 染色体	12

【Y】

Y 染色体	12

β^+ 線	25
1 飛跡事象	64
1 標的 1 ヒットモデル	62
1 本鎖切断	48
2 飛跡事象	64
2 分割照射法	66
2 本鎖構造	6
2 本鎖切断	48

―― 著者略歴 ――

1959 年　電気通信大学電気通信学科卒業
1959 年　フクダ電子(株)勤務
1968 年　日本電気三栄(株)勤務
1991 年　日本光電工業(株)勤務
1998 年　東京電子専門学校講師
2002 年　西武学園医学技術専門学校講師
2013 年　西武学園医学技術専門学校退職

放射線生物学
Radiation Biology　　　　　　　　　　　　　　　　　　　　© Yuji Kimura 2018

2018 年 9 月 21 日　初版第 1 刷発行　　　　　　　　　　　　　　　　　★

検印省略

著　者　木き村むら　雄ゆう治じ
発行者　株式会社　コロナ社
　　　　代表者　牛来真也
印刷所　壮光舎印刷株式会社
製本所　株式会社　グリーン

112-0011　東京都文京区千石 4-46-10
発行所　株式会社　コロナ社
CORONA PUBLISHING CO., LTD.
Tokyo Japan
振替00140-8-14844・電話(03)3941-3131(代)
ホームページ　http://www.coronasha.co.jp

ISBN 978-4-339-07244-0　C3047　Printed in Japan　　　　　　　(中原)

JCOPY ＜出版者著作権管理機構 委託出版物＞
本書の無断複製は著作権法上での例外を除き禁じられています。複製される場合は，そのつど事前に，出版者著作権管理機構（電話 03-3513-6969，FAX 03-3513-6979，e-mail: info@jcopy.or.jp）の許諾を得てください。

本書のコピー，スキャン，デジタル化等の無断複製・転載は著作権法上での例外を除き禁じられています。購入者以外の第三者による本書の電子データ化及び電子書籍化は，いかなる場合も認めていません。
落丁・乱丁はお取替えいたします。